AF563363

Thomas Riepe · Hunde sind intelligenter

© 2024 Thomas Riepe, nTR Verlag
nTR Verlag, Trift 8, D-59609 Anröchte
E-Mail: info@riepehunde.de
Web: https://riepe-akademie.de

Lektorat: Christa Opitz-Schwab
Layout & Satz: Mona Königbauer
Coverfoto, Fotos Innenteil: pexels.com
Druck, Distribution, Publikation und Verbreitung im Auftrag des Autors und Verlags:
Tredition GmbH, Heinz-Beusen-Stieg 5, D-22926 Ahrensburg

ISBN print 978-3-9826138-0-2
ISBN epub 978-3-9826138-1-9

Printed in Germany

Thomas Riepe

HUNDE SIND INTELLIGENTER

Kognitives Lernen im Alltag

INHALT

WAS MAN VORAB WISSEN SOLLTE

In der sogenannten Hundeszene trifft man immer wieder auf bestimmte Begriffe, wenn es um Hundehaltung, den allgemeinen Umgang mit dem Hund oder auch die Ausbildung bzw. »Erziehung« geht. Allerdings werden diese Begriffe nicht immer gleich interpretiert. So verstehen manche Hundehalter*innen unter Begriffen und Begriffskombinationen wie »soziales Lernen«, »kognitives Lernen«, Belohnung oder Strafe etwas anderes als Kolleg*innen der gleichen Branche.

Begriffe können unterschiedlich verstanden werden, weil ihre Bedeutung von verschiedenen Faktoren beeinflusst wird. Hier sind einige Gründe, warum dies der Fall sein kann:

- Sprachliche Vielfalt: Sprachen haben unterschiedliche Wörter, um ähnliche Konzepte zu beschreiben. Ein Begriff kann daher nicht immer exakt in eine andere Sprache übersetzt werden. Dies kann zu Missverständnissen und unterschiedlichen Interpretationen führen.

- Kulturelle Unterschiede: Kulturelle Hintergründe und Traditionen prägen die Bedeutung von Begriffen. Ein Wort kann in einer Kultur eine tiefere Bedeutung haben als in einer anderen. Kulturelle Nuancen können zu unterschiedlichen Interpretationen führen, selbst wenn die Wörter ähnlich sind.

- Individuelle Perspektiven: Individuen bringen ihre eigenen Erfahrungen, Überzeugungen und Vorurteile mit, wenn sie Begriffe interpretieren. Basierend auf ihren persönlichen Sichtweisen kann eine Person einen Begriff anders verstehen als eine andere.

- Kontextabhängigkeit: Die Bedeutung eines Begriffs kann stark vom Kontext abhängen, in dem er verwendet wird. Der gleiche Begriff kann unterschiedliche Bedeutungen haben, je nachdem ob er in einem wissenschaftlichen, alltäglichen oder fachspezifischen Kontext verwendet wird.

- Historische Veränderungen: Die Bedeutung von Begriffen kann sich im Laufe der Zeit verändern. Historische, gesellschaftliche oder technologische Entwicklungen können zu neuen Interpretationen führen, sodass ein Begriff heute anders verstanden wird als in der Vergangenheit.

Es ist wichtig, sich der Möglichkeit von unterschiedlichen Interpretationen von Begriffen bewusst und offen für Debatten zu sein, um Missverständnisse zu vermeiden und eine gemeinsame Verständigung zu erreichen.

Als Beispiel möchte ich hier das »soziale Lernen« nennen.

Oft wird das soziale Lernen so definiert, dass man von Sozialpartnern zurechtgewiesen wird, wenn man sich z. B. in einer Gruppe, einer Familie oder in einem anderen sozialen Kontext nicht regelkonform verhält. Das könnte bei Hunden so etwas wie eine körperliche Maßregelung bei vermeintlichem Fehlverhalten bedeuten. Im wissenschaftlichen Kontext ist das aber nicht korrekt. Eine Maßregelung fällt in den Bereich der Strafe, also z. B. in die Theorie des behavioristischen Lernens. Soziales Lernen gehört dagegen zum kognitiven Lernen, darüber herrscht wissenschaftlicher Konsens. Sozial gelernt wird nicht über Mechanismen wie Strafe, sondern über Nachahmung. Man lernt, indem man die Mitglieder im sozialen Umfeld beobachtet und deren erfolgversprechenden Handlungen nachahmt.

Insgesamt muss man also genau differenzieren, wenn im Hundebereich spezielle Begriffe und Fachbegriffe verwendet werden. Leider haben wir uns da in den letzten Jahren ziemlich festgefahren und scheinen vielfach die nüchterne wissenschaftliche Konsensfähigkeit und Faktenlage aus den Augen verloren zu haben. Ein Trend, der in vielen Bereichen der Gesellschaft zu beobachten ist.

Ich möchte in diesem Buch den ein oder anderen in der Hundewelt verwendeten Begriff erläutern und im wissenschaftlichen Kontext interpretieren. Allerdings nicht nur, denn

das »Festgefahren« bezieht sich nicht nur auf Begriffe. Auch der allgemeine Umgang mit dem Hund oder die Ausbildungsmethoden sind festgefahren und bewegen sich innerhalb bestimmter Meinungsblasen in einer Kreisbewegung ohne Ausweg oder Chance zur Veränderung. Ich will deshalb den Begriff des kognitiven Lernens hier zur Sprache bringen, ein Begriff, der ebenfalls oft missinterpretiert wird und dessen Inhalte in der Hundeausbildung praktisch völlig ignoriert werden. Die Hundewelt ist festgefahren in einer Lerntheorie – es gibt aber mehr als eine Lerntheorie. Das und noch viel mehr Einsichten über die oft unterschätzte Intelligenz unserer Hunde möchte ich in die Meinungsblasen werfen. Ich will diese Blasen nicht gleich zum Platzen bringen. Dass sie aber etwas größer und vielleicht bunter werden, wäre schon mal ein Ziel …

DIE DREI LERNTHEORIEN IM ÜBERBLICK

Behaviorismus, Kognitivismus und Konstruktivismus

Lerntheorien blicken aus verschiedenen Perspektiven auf den Lernprozess und tragen durch ihre unterschiedlichen Ansätze zu dessen Verständnis und Erklärung bei. Drei der prominentesten Lerntheorien sind der Behaviorismus, der Kognitivismus und der Konstruktivismus. Jede dieser Theorien hat ihre eigene Sichtweise auf das Lernen – mit unterschiedlichen Implikationen für die Bildung und die Gestaltung von Lernumgebungen. In diesem Kapitel werden wir uns mit den Grundlagen und den wesentlichen Merkmalen jedes Ansatzes auseinandersetzen.

Der Behaviorismus ist eine Lerntheorie, die sich auf beobachtbares Verhalten konzentriert und davon ausgeht, dass Verhalten durch Reiz-Reaktions-Assoziationen geformt wird. Diese Theorie begreift Lernen als eine direkte Folge von Reizen aus der Umgebung, auf die der Lernende reagiert. Der bedeutendste Vertreter des Behaviorismus ist der Psychologe B. F. Skinner, der den Begriff der »operanten Konditionierung« prägte. Skinner argumentierte, dass Verhalten durch Belohnungen und Bestrafungen verstärkt oder gehemmt wird. Beim behavioristischen Ansatz liegt der Fokus darauf, die gewünschten Verhaltensweisen durch Belohnungen zu verstärken und unerwünschte Verhaltensweisen durch Bestrafungen zu unterdrücken.

Im Gegensatz dazu konzentriert sich **der Kognitivismus** auf die internen mentalen Prozesse, die beim Lernen auftreten. Diese Theorie betont die Bedeutung von Wissen, Gedächtnis, Denken und Problemlösung. Der Kognitivismus betrachtet den Lernenden als aktiven Teilnehmer, der Informationen aufnimmt, verarbeitet und organisiert, um neues Wissen aufzubauen. Der Fokus liegt auf der Einsicht, wie Lebewesen Informationen aufnehmen, sie im Gedächtnis behalten und sie bei Bedarf abrufen können. Einflussreiche Kognitivisten wie Jean Piaget betonten die Konstruktion von Wissen und die Entwicklung kognitiver Schemata. In der Bildung werden daher häufig Strategien wie das Abrufen von Vorwissen, das Anwenden von Problemlösungsstrategien und das Schaffen von Lernumgebungen, die das aktive Denken fördern, eingesetzt.

Der Konstruktivismus baut auf den Ideen des Kognitivismus auf, legt jedoch einen noch stärkeren Fokus auf die aktive Konstruktion von Wissen durch den Lernenden. Diese Theorie betont, dass Lernen ein individueller, konstruktiver Prozess ist, bei dem der Lernende aktiv Wissen durch Interaktionen mit der Umwelt aufbaut. Der bekannte Psychologe und Pädagoge Lev Vygotsky prägte den Begriff der »Zone der nächsten Entwicklung«, der darauf hinweist, dass Lernen am effektivsten stattfindet, wenn der Lernende unterstützt wird und sich in einem angemessenen Entwicklungsbereich befindet. Konstruktivisten glauben, dass Lernende ihr Wissen durch den Aufbau neuer Ideen und Konzepte auf der Grundlage ihrer bisherigen Erfahrungen und Interaktionen konstruieren. In der konstruktivistischen Bildung werden daher oft kooperative Lernansätze, Projekte und problemorientierte Aufgaben eingesetzt, um den Lernenden bei der aktiven Wissenskonstruktion zu unterstützen.

Es ist wichtig zu beachten, dass diese Lerntheorien nicht als strikte Kategorien betrachtet werden sollten, sondern als Perspektiven auf den Lernprozess. In der Praxis können Elemente aus verschiedenen Theorien kombiniert und angewendet werden, um effektive Lehr- und Lernumgebungen zu schaffen. Die Wahl der geeigneten Lerntheorie hängt von Faktoren wie dem zu erlernenden Inhalt, den Zielen des Lernens und den Bedürfnissen der Lernenden ab.

Insgesamt bieten der Behaviorismus, der Kognitivismus und der Konstruktivismus unterschiedliche Einblicke in den Lernprozess und haben jeweils ihren eigenen Wert. Indem wir uns mit diesen Theorien auseinandersetzen, können wir ein tieferes Verständnis für die Vielfalt der Ansätze zum Lernen entwickeln und fundierte Entscheidungen treffen, um effektive Lehr- und Lernstrategien zu entwickeln.

In diesem Buch liegt der Fokus auf dem kognitiven Lernen. Da in der Hundeerziehung aber vornehmlich behavioristisch gedacht, gehandelt und gelehrt wird, beschäftigen wir uns zum Eingang auch mit dieser Lerntheorie. Der Konstruktivismus soll hier nicht weiter ausgeführt werden. Versuchen wir zuerst einmal, das kognitive Lernmodell in die Denkblase der Hundeszene einziehen zu lassen ☺. Danach können wir uns immer noch steigern und den Konstruktivismus berücksichtigen.

BEHAVIORISMUS

Der Behaviorismus ist eine Lerntheorie, die auf beobachtbarem Verhalten und den Konsequenzen dieses Verhaltens basiert. In der Hundeerziehung spielt der Behaviorismus eine bedeutende Rolle und bietet einen strukturierten Ansatz, um das Verhalten von Hunden zu verstehen, zu formen und zu kontrollieren. In diesem Kapitel soll der Behaviorismus zur Verdeutlichung im Allgemeinen erläutert und dann speziell auf seine Anwendung in der Hundeerziehung eingegangen werden, einschließlich der Verwendung von Quadranten und Konditionierung.

OPERANTE KONDITIONIERUNG

Der Behaviorismus betrachtet Verhalten als Reaktion auf externe Reize und legt den Schwerpunkt auf die beobachtbaren Aspekte des Lernens. Ein herausragender Vertreter des Behaviorismus ist, wie schon erwähnt, B. F. Skinner, der den Begriff der operanten Konditionierung prägte. Diese Art der Konditionierung befasst sich mit der Anpassung des Verhaltens durch Belohnungen und Bestrafungen. Skinner argumentierte, dass Verhalten verstärkt wird, wenn es mit angenehmen Konsequenzen verbunden ist, während es durch unangenehme Konsequenzen gehemmt wird.

Die vier Quadranten

In der Hundeerziehung wird der Behaviorismus oft angewendet, um erwünschtes Verhalten zu fördern und unerwünschtes Verhalten zu korrigieren. Die Verwendung von Quadranten – also positive Verstärkung, negative Verstärkung, positive Bestrafung und negative Bestrafung – ist ein wichtiges Konzept im behavioristischen Ansatz zur Hundeerziehung.

- **Positive Verstärkung** beinhaltet die Belohnung eines gewünschten Verhaltens, um dessen Wahrscheinlichkeit zu erhöhen. Bei der Hundeerziehung bedeutet dies, dass der Hund eine Belohnung wie Futter, Lob oder Spiel erhält, wenn er ein erwünschtes Verhalten zeigt. Zum Beispiel kann ein Hund für das Sitzen auf Signal mit einem Leckerchen belohnt werden, um das Sitzen als gewünschtes Verhalten zu verstärken.

- **Negative Verstärkung** bezieht sich auf die Entfernung eines unangenehmen Reizes, um gewünschtes Verhalten zu verstärken. Ein Beispiel dafür wäre, dass man einen Hund bedrängt, um ihn von einem speziellen Platz, vielleicht dem Sofa, zu vertreiben. Wenn er den Platz verlässt, hört der unangenehme Reiz des Bedrängens auf.

- **Positive Bestrafung** bezieht sich auf das Zufügen eines unangenehmen Reizes, um unerwünschtes Verhalten zu reduzieren. Als Beispiel könnte man den Leinenruck nennen, wenn ein Hund einen anderen anbellt. Er soll dabei lernen: Wenn er das unerwünschte Verhalten Bellen zeigt, folgt ein unangenehmer, schmerzhafter Ruck.
  Zwar kann dadurch ggf. kurzfristig das erwünschte Verhalten gezeigt werden, aktuelle Forschungen zeigen aber, dass der Lernerfolg hier nicht wirklich nachhaltig ist. Zudem

kann es dabei viele unerwünschte Nebeneffekte geben wie eine zerstörte Bindung und ein gestörtes Vertrauensverhältnis zwischen Mensch und Hund oder stressbedingte Angststörungen beim Hund, weil dieser in Situationen mit den gleichen Voraussetzungen immer den Ruck fürchtet und durch klassische Konditionierung (die erläutern wir später noch) den Schmerz des Rucks spüren kann, wenn er nur einen fremden Hund sieht. Fehlverknüpfungen können entstehen, andere Hunde können als böse, als Schmerzverursacher, im Kopf abgespeichert werden. Das wiederum führt zu Stress oder Frust und kann in einer aggressiven Explosion enden.
Man sieht also, es gibt gute Gründe, die gegen positive Strafe sprechen. Mal abgesehen davon, wie unfair es ist, ein Lebewesen, welches wir gezüchtet haben, damit es bellt, für das Bellen zu züchtigen …

- **Negative Bestrafung** bezieht sich auf das Entfernen eines angenehmen Reizes, um unerwünschtes Verhalten zu reduzieren. Zum Beispiel könnte dem Hund Aufmerksamkeit oder ein Spielzeug entzogen werden, wenn er unerwünschtes Verhalten zeigt.

Es ist wichtig zu betonen, dass im behavioristischen Ansatz zur Hundeerziehung positive Verstärkung das Mittel der Wahl ist. Allerdings kann man nicht ausschließlich darüber mit Hunden agieren. Wenn ein Hund überdreht und man ihm zum eigenen Schutz mal ein Spielzeug wegnimmt, damit er »runterkommt«, ist das streng genommen negative Bestrafung. Es wäre weltfremd zu glauben, dass man im Alltag ohne negative Bestrafung auskommt – wenn man denn die behavioristische Terminologie unbedingt nutzen möchte.

Der Behaviorismus bietet Hundetrainern und Hundehaltern

einen strukturierten Ansatz zur Formung und Kontrolle des Verhaltens von Hunden. Durch die Anwendung der Prinzipien der operanten Konditionierung und die Verwendung der Quadranten können erwünschte Verhaltensweisen verstärkt und unerwünschtes Verhalten reduziert werden. Es ist jedoch wesentlich, dass diese Methoden in erster Linie mit positiver Verstärkung und unter Berücksichtigung des Wohlbefindens des Hundes angewendet werden.

Insgesamt kann der behavioristische Ansatz in der Hundeerziehung effektiv sein, wenn er mit Wissen, Geduld und einer positiven Herangehensweise angewendet wird. Es ist ratsam, professionelle Anleitung und die Unterstützung von erfahrenen Hundetrainern zu suchen, um sicherzustellen, dass die Methoden richtig angewendet werden und das Wohlbefinden des Hundes gewährleistet ist.

KLASSISCHE KONDITIONIERUNG

Die klassische Konditionierung ist eine Form des Lernens, bei der ein neutraler Reiz mit einem unbedingten Reiz gekoppelt wird, um eine neue gelernte Reaktion zu erzeugen. Diese Art des Lernens wurde erstmals von dem russischen Psychologen Iwan Petrowitsch Pawlow in seinen berühmten Hundeexperimenten Ende des 19. Jahrhunderts entdeckt und weiter untersucht.

In Pawlows Experimenten wurden Hunde gefüttert, während gleichzeitig ein Glockenton erklang. Nach mehreren Wiederholungen dieser Verknüpfung begannen die Hunde bereits zu sabbern, wenn sie nur den Glockenton hörten, selbst wenn kein Futter präsent war. Der ursprünglich neutrale Reiz (Glockenton) hatte durch die Koppelung mit dem unbedingten Reiz (Futter) eine bedingte Reaktion (Sabbern) hervorgerufen.

Dieses Experiment verdeutlicht die Grundprinzipien der klassischen Konditionierung. Es gibt drei Hauptbestandteile:

1. Unbedingter Reiz (UR): Der unbedingte Reiz ist ein Reiz, der von Natur aus eine automatische Reaktion auslöst. In Pawlows Experiment war das Futter der unbedingte Reiz, der den natürlichen Reflex des Sabberns auslöste.

2. Bedingter Reiz (BR): Der bedingte Reiz ist anfangs neutral und löst keine automatische Reaktion aus. Im Fall von Pawlows Experiment war der Glockenton der bedingte Reiz.

3. Bedingte Reaktion (BR): Die bedingte Reaktion ist die gelernte Reaktion auf den bedingten Reiz. Im Experiment sabberten die Hunde als Reaktion auf den Glockenton, nachdem dieser mit dem Futter gekoppelt wurde.

Lasst uns das anhand eines Beispiels verdeutlichen:

Wenn ich Schmerz als unbedingten Reiz verspüre, ist meine automatische Reaktion Angst und das Verlangen, mich von der Schmerzquelle zu entfernen. Trete ich also vielleicht in eine Scherbe, bekomme ich durch die hormonelle Steuerung meines Körpers ein unangenehmes Gefühl wie Angst und verlasse den Ort, wo der Schmerz entstanden ist. Sehe ich jetzt, während ich den Schmerzreiz spüre, einen anderen, neutralen Reiz wie vielleicht einen Apfel, dann kann dieser mit dem Schmerz verknüpft werden. Es kann passieren, dass ab diesem Zeitpunkt jeder Apfel ein ungutes Gefühl bei mir auslöst – bis hin zu Angst. Der Apfel wird zum bedingten Reiz, der zur bedingten körperlichen Reaktion führt: der Angst vor dem Apfel.

Übertragen auf die Hundeerziehung kann das Folgendes bedeuten: Wenn jemand seinen Hund mit Schmerz oder Einschüchterung ausbildet (zum Beispiel stark an der Leine und am Halsband ruckt, wenn der Hund bellt, weil er einen anderen Hund sieht), dann kann der andere Hund zum bedingten Reiz werden, bei dessen Anblick der gemaßregelte Hund immer ein schlechtes Gefühl bekommt. Im schlimmsten Fall verursachen alle anderen Hunde diese Angst. Durch klassische Konditionierung ist eine Fehlverknüpfung entstanden. Diese Fehlverknüpfung ist übrigens der Hauptgrund für aggressives Verhalten an der Leine und unter Hunden überhaupt.

Selbstverständlich geht es aber auch andersherum, nämlich dass angenehme Gefühle klassisch konditioniert werden. So verursacht Streicheln oder leichter Körperkontakt als unbedingter Reiz durch diverse Hormone bei den meisten Säugetieren die Reaktion, dass sie sich gut fühlen und entspannen. Wenn man jetzt einen Hund streichelt und dabei ein Wort sagt, kann später allein dieses Wort die Entspannung als bedingte Reaktion hervorrufen. Das kann man im Alltag nutzen, z.B. um Hunde zu beruhigen.

Was man dabei verstehen muss: Diese bedingte Reaktion, die durch klassische Konditionierung hervorgerufen wird, läuft automatisch und vom Lebewesen nicht direkt beeinflusst ab. Das ist der Unterschied zur operanten Konditionierung, wo ein Individuum lernt und dadurch weiß, welche Konsequenz auf ein bestimmtes Verhalten folgt – und deshalb sein Verhalten bewusst anpassen kann.

Natürlich kann man die beiden Konditionierungsformen der behavioristischen Lerntheorie nicht strikt voneinander trennen. Lernt ein Hund operant, dass die Konsequenz Leinenruck droht, wenn er das Verhalten Bellen bei einer Hundebegegnung zeigt, droht ja gleichzeitig durch die klassische Konditionierung ein unangenehmes Gefühl bei allen fremden Hunden mit möglichen unerwünschten Nebenwirkungen. Für Hundehalter und vor allem auch Hundetrainer und andere Hundeprofis ist es deshalb unerlässlich, die Mechanismen der behavioristischen Lerntheorie zu kennen und einschätzen zu können. Falsch angewendet können diese Methoden durch Fehlverknüpfungen für Angst, Furcht und weitere schlechte Gefühle und somit für viel Tierleid sorgen. Und das – so unterstelle ich jetzt einmal – will doch kein Hundefreund.

KRITIK AM BEHAVIORISMUS

Die Lerntheorie des Behaviorismus hatte und hat zweifellos einen großen Einfluss auf die moderne Psychologie, sowohl im Humanbereich als auch in der Tierausbildung. Der Behaviorismus konzentriert sich auf die Beobachtung des Verhaltens und legt nahe, dass es durch die Reaktion auf bestimmte Umgebungsreize geformt wird.

Lernen nur durch äußere Einflüsse

Ein wichtiger Kritikpunkt ist, dass der Behaviorismus das innere Erleben und die kognitiven Prozesse, die das Verhalten beeinflussen, vernachlässigt. Es wird angenommen, dass das Verhalten ausschließlich durch die Umweltbedingungen kontrolliert wird und mentale Prozesse nicht berücksichtigt werden. Dies ist jedoch eine Vereinfachung, die nach aktuellen Erkenntnissen nicht unbedingt der Realität entspricht.

Kein Erfolg bei komplexen Verhaltensweisen

Kritisch zu sehen ist zudem die ausschließliche Verwendung der Quadranten als Mittel zur Verhaltensänderung. Es wird beim Behaviorismus angenommen, dass das Verhalten nur durch Verstärkung oder Bestrafung geformt wird. Das funktioniert nachweislich bei einfachen Verhaltensweisen und Verhaltensveränderungen auch. Die Methode ist jedoch sehr wahrscheinlich nicht wirksam bei komplexeren Verhaltensweisen, die durch innere Vorgänge aufgrund der Kombination von erlangtem Wissen auftreten.

Ethische Bedenken

Es gibt ethische Bedenken bezüglich der Verwendung von Bestrafungen zur Verhaltensänderung. Es besteht die Gefahr, dass Strafen negative Auswirkungen auf die psychische Gesundheit haben können.

Verlust von Selbstvertrauen

Ein weiterer Kritikpunkt am Behaviorismus und insbesondere an der operanten Konditionierung bezieht sich auf die Gefahr für die Selbstständigkeit. Übertreibt man es mit der Ausbildung über Verstärkung oder auch Hemmung, also Bestrafung, kann das Selbstvertrauen verloren gehen. Bekommt ein Lebewesen immer und bei fast jedem Verhalten ein Feedback – also eine Belohnung oder auch Bestrafung –, dann verlernt es, selbstständig zu entscheiden. Es probiert nichts mehr aus und wartet stets auf Rückmeldung. Das kann zu Dauerstress und fehlendem Selbstvertrauen führen. Und Selbstvertrauen ist psychologisch gesehen eine der wichtigsten Voraussetzungen für ein ausgeglichenes Wesen.

Abschließend lässt sich sagen, dass der Behaviorismus nützliche Konzepte hervorgebracht hat, insbesondere in Bezug auf die Verhaltensänderung durch Verstärkung. Allerdings sollte man auch die Einschränkungen und Kritikpunkte an dieser Theorie berücksichtigen, insbesondere im Hinblick auf die Vernachlässigung von kognitiven Prozessen, die Einschränkung der Selbstständigkeit und des Selbstbewusstseins sowie die ethischen Bedenken bezüglich Bestrafung.

IDEA
BRAIN

KOGNITIVISMUS

Der Kognitivismus ist eine Lerntheorie, die den Fokus auf die internen kognitiven Prozesse des Lernenden legt. Diese Theorie besagt, dass Lernen ein aktiver mentaler Prozess ist, bei dem der Lernende Informationen aufnimmt, verarbeitet, organisiert und speichert, um neues Wissen und Verständnis zu konstruieren. Im Gegensatz zum behavioristischen Ansatz, der das Verhalten als Reaktion auf externe Reize betrachtet, betont der Kognitivismus die Bedeutung der internen Denkprozesse bei der Wissensbildung.

Einflussreiche Vertreter des Kognitivismus sind unter anderem der Psychologe Jean Piaget, der sich intensiv mit der kognitiven Entwicklung von Kindern beschäftigte, sowie Lev Vygotsky, der die soziale Interaktion und kulturelle Kontexte in den Lernprozess einbezog. Ihre Arbeiten haben grundlegende Prinzipien des Kognitivismus geprägt.

Ein zentrales Konzept dieser Theorie ist das des »Schemas«. Schemata sind kognitive Strukturen, die Informationen organisieren und repräsentieren. Lernende nutzen ihre bestehenden Schemata, um neue Informationen zu interpretieren und in Beziehung zu setzen. Wenn neue Informationen nicht mit vorhandenen Schemata in Einklang gebracht werden können, entsteht ein Kognitionskonflikt, der zur Anpassung oder Entwicklung neuer Schemata führt.

Ein weiteres Schlüsselkonzept ist das der »kognitiven Verarbeitung«. Lernende nehmen Informationen über ihre Sinne auf, verarbeiten sie aktiv im Arbeitsgedächtnis und speichern sie dann im Langzeitgedächtnis. Dieser Prozess umfasst Aufmerksamkeit, Wahrnehmung, Gedächtnisbildung, Problemlösung und kritisches Denken.

Im kognitiven Lernen wird dem Verstehen und der Bedeutungszuweisung großes Gewicht beigemessen. Lernende sollen verstehen, wie Informationen zusammenhängen. Das Lernen erfolgt durch Konstruktion und Rekonstruktion von Wissen, indem neue Informationen mit vorhandenem Wissen verbunden und in bestehende kognitive Strukturen integriert werden.

Zusammenfassend kann man sagen: Laut dem Kognitivismus werden durch Erfahrung und Wissen neue Aufgaben und Problemstellungen im Kopf vorab bewertet und durchgespielt, bevor man handelt und ein Verhalten zeigt.

BEHAVIORISMUS UND KOGNITIVISMUS IM VERGLEICH

Der Behaviorismus und der Kognitivismus sind zwei Lerntheorien, die verschiedene Ansätze zur Erklärung des Lernens und der menschlichen Kognition verfolgen. In der folgenden Aufzählung werden die beiden Ansätze miteinander verglichen.

- **Verhalten versus kognitive Prozesse**
  Der Behaviorismus konzentriert sich auf beobachtbare Verhaltensweisen und deren Veränderung durch Reiz-Reaktions-Verbindungen. Er betont die Rolle von Belohnung und Bestrafung bei der Steuerung von Verhalten. Im Gegensatz dazu betont der Kognitivismus die internen Denk-

prozesse, die das Verhalten beeinflussen. Er untersucht, wie Lernende Informationen aufnehmen, verarbeiten, speichern und anwenden, um Wissen zu konstruieren.

- **Externe Reize versus interne Verarbeitung**
  Der Behaviorismus sieht das Lernen als passive Reaktion auf externe Reize. Das Verhalten wird konditioniert, indem bestimmte Reize mit bestimmten Reaktionen verknüpft werden. Der Kognitivismus hingegen legt den Schwerpunkt auf die aktive Umsetzung von Erkenntnissen durch den Lernenden. Er betont die Bedeutung der internen Verarbeitung von Informationen, wie Aufmerksamkeit, Wahrnehmung, Gedächtnisbildung und Problemlösung.

- **Beobachtbares Verhalten versus Verstehen und Bedeutungszuweisung**
  Der Behaviorismus legt Wert auf beobachtbares Verhalten und externe Ergebnisse. Das Ziel besteht darin, das Verhalten durch Belohnung und Bestrafung zu kontrollieren. Der Kognitivismus hingegen betont das Verstehen, die Interpretation und die Bedeutungszuweisung von Informationen. Der Fokus liegt auf dem Aufbau eines umfassenden Verständnisses und der Konstruktion von Wissen, anstatt nur äußerlich sichtbares Verhalten zu modifizieren.

- **Passive Reaktion versus aktive Konstruktion**
  Im Behaviorismus wird der Lernende als passiver Empfänger von Informationen betrachtet, der auf externe Reize reagiert. Das Lernen wird als eine Art Stimulus-Response-Prozess betrachtet. Im Kognitivismus hingegen wird der Lernende als aktiver Konstrukteur von Wissen und Bedeutung angesehen. Das Lernen erfolgt durch die aktive Verarbeitung von Informationen, das Aufbauen von Ver-

bindungen zu vorhandenem Wissen und das Konstruieren neuer Erkenntnisse.

- **Kontext und soziale Interaktion**
  Der Kognitivismus betont die Bedeutung des sozialen Kontextes und der sozialen Interaktion beim Lernen. Lev Vygotsky als wichtiger Vertreter des Kognitivismus argumentiert, dass Lernen ein sozialer Prozess ist, bei dem die Interaktion mit anderen und die gemeinsame Konstruktion von Wissen eine Rolle spielen. Der Behaviorismus hingegen legt den Fokus primär auf die individuelle Reiz-Reaktions-Verbindung und vernachlässigt die inneren Vorgänge.

SOZIALES LERNEN ALS TEIL DES KOGNITIVISMUS

Das soziale Lernen gehört zur kognitiven Lerntheorie. Es wurde maßgeblich von Albert Bandura entwickelt und wird auch als sozial-kognitive Lerntheorie bezeichnet. Bandura argumentiert, dass das Lernen nicht nur durch direkte Verstärkung oder Bestrafung erfolgt, sondern auch durch Beobachtung und Nachahmung des Verhaltens anderer Menschen.

Nach Bandura lernt ein Individuum infolge der Beobachtung von Modellen und die Aufnahme von Informationen aus der Umgebung. Durch diesen Prozess der sozialen Beobachtung und Modellierung kann das Verhalten, das beobachtet und verstanden wird, in das Repertoire des Lernenden aufgenommen werden. Diese Theorie betont auch die Rolle von Selbstwirksamkeitserwartungen, also der Überzeugung eines Lebewesens, dass es in der Lage ist, bestimmte Aufgaben erfolgreich auszuführen.

Das soziale Lernen steht im Gegensatz zur rein behavioristischen Sichtweise, die das Lernen hauptsächlich auf direkte Verstärkung und Bestrafung zurückführt. Es betont die aktive Verarbeitung von Informationen, kognitive Prozesse und die Interaktion zwischen dem Lernenden und seiner Umgebung.

KONDITIONIERUNG IM KOGNITIVISMUS

Instrumentelle Konditionierung

Die instrumentelle Konditionierung ist ein Begriff aus der Verhaltenspsychologie und bezieht sich auf einen Lernprozess, bei dem Verhalten bewusst auf eine folgende Konsequenz ausgerichtet ist. Dabei lernt ein Individuum, durch Anwendung seines eigenen Wissens eine bestimmte Handlung auszuführen, um eine gewünschte Konsequenz zu erlangen oder eine unerwünschte Konsequenz zu vermeiden. Das Verhalten wird somit durch die Instrumentalisierung (Nutzung) von Konsequenzen geformt.

Die Bezeichnung »instrumentelle Konditionierung« wird oft mit »operanter Konditionierung« gleichgesetzt, was jedoch nicht korrekt ist:

- Bei der **instrumentellen Konditionierung** (soziales Lernen, Kognitivismus) wird die Verstärkung oder Abschwächung von instrumentellem Verhalten betrachtet. Das Verhalten wird also als Instrument (= Mittel, Werkzeug) eingesetzt, um etwas herbeizuführen. Das Verhalten fußt auf Erfahrung und Wissen und die mögliche Konsequenz wird im Voraus schon bedacht. Das lernende Lebewesen bezweckt dabei, ein bestimmtes Ziel zu erreichen, und hat entweder Erfolg oder nicht. Je nach dem Resultat (outcome) wird es beim nächsten Mal wieder dasselbe oder eher ein anderes, aufgrund von verändertem Wissen angepasstes Verhalten zeigen.

- Bei der **operanten Konditionierung** (Behaviorismus) wird beliebiges spontanes Verhalten betrachtet, das von einem Lebewesen auch unbeabsichtigt oder rein zufällig gezeigt werden und ohne weitere Bedingungen (wie z.B. das Vorhandensein eines Problems) wiederholt werden kann.

Beim instrumentellen Lernen wirkt das Erreichen der vorausgedachten Konsequenz als Verstärker des Verhaltens, sodass das Verhalten in vergleichbaren Situationen häufiger gezeigt wird.

Wird das vorausgedachte Ziel, die Konsequenz, nicht erreicht, wirkt das auf der anderen Seite natürlich hemmend, das Verhalten in diesem Zusammenhang wird weniger gezeigt.

Ursprünglich wendet man daher die Begriffe wie positive Strafe, negative Strafe, positive Verstärkung und negative Verstärkung aus dem Behaviorismus bei der instrumentellen Konditionierung nicht an. Da aber im Bereich der Hundeausbildung die Lerntheorien oft verwischen oder verwechselt und ganz eigenständig interpretiert werden, nutzen einige Hundetrainer*innen die Wortkonstruktionen der behavioristischen Lerntheorien auch bezogen auf soziales Lernen bzw. die instrumentelle Konditionierung und den Kognitivismus. Das hat sich in der Hundeszene fast schon etabliert, obwohl die wissenschaftlichen Interpretationen das zunächst nicht hergeben.

GEGENÜBERSTELLUNG: BEHAVIORISMUS UND KOGNITIVISMUS

Behaviorismus / klassische und operante Konditionierung

Im *Behaviorismus* lernt ein Lebewesen durch äußere Einflüsse.

Bei der *klassischen Konditionierung* werden Gefühle mit Ereignissen, Dingen oder Lebewesen verknüpft. Fasse ich in einen Dornenbusch und sehe gleichzeitig einen Baum, kann es sein, dass beim nächsten Anblick eines Baums der gleichen Sorte schon ein schlechtes Gefühl aufkommt, ohne dass ich in Dornen greife. Gleiches gilt auch für gute Gefühle. Esse ich etwas Süßes und schaue gleichzeitig eine bestimmte Fernsehserie, kann es sein, dass ich immer ein gutes Gefühl bei der Serie bekomme, auch ohne etwas Süßes zu essen.

Bei der *operanten Konditionierung* folgt auf ein Verhalten eine Konsequenz. Da beim Behaviorismus aber innere Vorgänge oder Planungen ausgeschlossen werden, handelt es sich per Definition um ein zufälliges oder unbewusstes Verhalten sowie um Verhaltensweisen, die von Dritten provoziert wurden. Als Beispiel könnte man einen Hund nehmen, der an einer Tür hochspringt und zufällig an die Klinke kommt, wonach sich die Tür öffnet. Bewusst hatte er versucht, die Tür durch das Springen zu öffnen, zufällig hat er gelernt, dass die Tür sich mit der Klinke öffnen lässt. Ein weiteres Beispiel wäre, wenn man einem Hund, der des Signal »Sitz« nicht kennt, ein Leckerchen vor die Nase hält und es hochzieht, sodass sich der Hund durch das Hochrecken des Halses automatisch in die bequemere Sitzposition begibt. Als Konsequenz für das Setzen bekommt er dann das Leckerchen und man könnte gleichzeitig »Sitz!« sagen. Der Hund hat sich nicht bewusst gesetzt, sondern sein Verhalten wurde vom Menschen provoziert. Das unbewusste Handeln mit der Konsequenz des Leckerchens charakterisiert die *operante Konditionierung*. Das Leckerchen war hier ein positiver Verstärker.

Bei der operanten Konditionierung ist das Verhalten vor der Konsequenz unbewusst bzw. zufällig. Beim Behaviorismus sind die Konsequenzen eines zufälligen, unbewussten Verhaltens als Verstärker oder Strafen benannt (siehe Quadranten).

Kognitivismus / soziales Lernen / instrumentelle Konditionierung

Im *Kognitivismus* wird dagegen nicht das zufällige Verhalten beschrieben. Vielmehr geht es hier darum, dass ein Verhalten, welches sich aus Wissen durch Erfahrungen oder Beobachtungen begründet, bewusst eingesetzt wird, um eine gewünschte Konsequenz zu erreichen.

Als Teilgebiet des Kognitivismus gibt es das *soziale Lernen*. Dabei lernt ein Lebewesen durch Beobachtung von anderen, wie es etwas erreichen kann.

Im sozialen Lernen findet man den Begriff der *instrumentellen Konditionierung*. Auch hier folgt auf ein Verhalten eine Konsequenz. Allerdings ist das Verhalten bewusst und nicht zufällig. Als Beispiel denken wir an den Hund und die Tür: Wenn der Hund beobachtet hat, dass der Mensch vor dem Öffnen der Tür immer die Klinke herunterdrückt, und dann gezielt versucht, sich auf die Klinke zu stellen oder sie mit der Schnauze zu betätigen, dann handelt er bewusst. Und wenn es ihm dadurch gelingt, die Tür zu öffnen, hat er als Konsequenz die geöffnete Tür – das Ziel, das er erreichen wollte. Er hat sein bewusstes Verhalten als *Instrument* genutzt, um eine selbst gewünschte Konsequenz zu erhalten. Darum der Begriff *instrumentelle Konditionierung*.

Das Verhalten wird durch die erhaltene Konsequenz verstärkt, oder – wenn es nicht funktioniert – auch gehemmt, also nicht mehr gezeigt. Im Kognitivismus ist also der Erfolg oder Misserfolg entscheidend beim Lernprozess, und nicht Strafe oder Belohnung. Auch wenn das im Gehirn in den gleichen Regionen verarbeitet wird, sollte man die Bezeichnungen aus den Quadranten des Behaviorismus wie »Verstärker« oder »Bestrafungen« im Bereich des kognitiven Lernens nicht verwenden. Das wird zwar ständig gemacht, vermischt aber vieles, was in den ursprünglichen Lerntheorien nicht so »gedacht« war.

Zur Verdeutlichung: Der Hund, der durch Nachahmung die Tür über die Klinke geöffnet hat, hat durch den Erfolg der offenen Tür gelernt, wie es geht. Es braucht keine zusätzliche Belohnung. Diese hätte an der Stelle auch keinen verstärkenden Effekt. Bei unbewusstem Verhalten ist Belohnung als Verstärker wichtig, bei bewusstem Verhalten sorgen der Erfolg oder auch der Misserfolg für den Lerneffekt.

Bei der instrumentellen Konditionierung ist das Verhalten bewusst und die Konsequenz vorausgeplant.

Als instrumentelle Konditionierung bezeichnet man nur das bewusste Handeln im Zusammenhang mit der Beobachtung von Sozialpartnern, bzw. es wird von Bandura nur in diesem Kontext beschrieben.

Wenn dem bewussten Handeln eine Kombination von Wissen durch vorangegangene allgemeine und spezielle Erfahrungen vorausgeht, spricht man nicht von Konditionierung. Auch Verstärker oder Strafen werden im Kognitivismus nicht benannt, man spricht hier eher von *kognitiv gelernt*. Einig ist man sich dabei, dass Erfolg und Misserfolg das Lernen auszeichnen.

BEISPIELE FÜR KOGNITIVES LERNEN

Um den Kognitivismus anschaulicher zu machen, möchte ich an dieser Stelle einige Beispiele nennen, die das kognitive Lernen verdeutlichen, zunächst einmal bezogen auf den Menschen.

- Kochen eines neuen Rezepts: Wenn jemand ein neues Rezept ausprobiert, muss er Informationen über die Zutaten und die Kochanweisungen aufnehmen, organisieren und im Gedächtnis behalten. Die Vorgehensweise beinhaltet das Verstehen der Schritte, das Planen des Ablaufs und die Anwendung von Kochtechniken, die zuvor gelernt wurden.

- Autofahren: Das Erlernen des Autofahrens ist ein komplexer kognitiver Prozess. Fahranfänger müssen Informationen über die Verkehrsregeln, die Bedienung des Fahrzeugs und die Navigation aufnehmen und verarbeiten. Sie müssen ihr Wissen anwenden, um Entscheidungen während der Fahrt zu treffen, wie das Einhalten von Geschwindigkeitsbegrenzungen, das Beobachten anderer Verkehrsteilnehmer und das Reagieren auf verschiedene Verkehrssituationen.

- Lernen durch Tutorials: Wenn jemand ein neues Thema oder eine Fähigkeit durch das Anschauen von Lehrvideos oder Tutorials im Internet lernt, geschieht dies aus der Perspektive des Kognitivismus. Der Lernende beobachtet und hört die Informationen, organisiert das Gesehene im Gedächtnis und wendet die neu erworbenen Kenntnisse auf praktische Situationen an.

- Erlernen einer Fremdsprache: Beim Lernen einer neuen Sprache müssen Menschen Wörter, Grammatikregeln und Satzstrukturen verstehen, sich die Aussprache merken und aktiv mit anderen in der neuen Sprache kommunizieren. Dies erfordert die Verarbeitung und Organisation von Informationen im Gedächtnis, um sie effektiv anzuwenden.

- Lösen eines Rätsels: Beim Lösen eines Rätsels oder Puzzles müssen verschiedene Hinweise und Informationen verarbeitet und kombiniert werden, um die richtige Lösung zu finden. Dies erfordert kognitive Strategien wie das Bilden von Hypothesen, das Testen von Annahmen und das Nachdenken über mögliche Lösungswege.

- Navigieren mit einer Karte: Wenn jemand eine Karte verwendet, um sich in einer unbekannten Umgebung zurechtzufinden, muss er räumliche Informationen verstehen, Wege planen und mögliche Hindernisse berücksichtigen. Dies erfordert die Fähigkeit, ein räumliches Vorstellungsvermögen zu entwickeln, um effektiv von einem Punkt zum anderen zu gelangen.

- Lesen eines Buches oder Artikels: Beim Lesen müssen Menschen die Informationen aus dem Text aufnehmen, interpretieren und in ihrem Gedächtnis organisieren, um den Inhalt zu verstehen. Der Leser setzt dabei auch Vorwissen und Erfahrungen ein, um den Text zu verarbeiten und neue Informationen zu integrieren.

- Lernen am Arbeitsplatz: In beruflichen Umgebungen müssen Mitarbeitende oft neue Fähigkeiten erlernen oder sich mit neuen Arbeitsabläufen vertraut machen. Dies erfordert das Verstehen von Anweisungen, das Einprägen von Verfahren und die Anwendung des Gelernten, um Aufgaben effizient zu erledigen.

- Lernen durch Experimentieren: In naturwissenschaftlichen Experimenten müssen Schüler oder Forschende Hypothesen aufstellen, Daten sammeln, diese analysieren und ihre Ergebnisse interpretieren. Dies erfordert kritisches Denken, das Erkennen von Mustern und das Definieren von Schlussfolgerungen, um neue Erkenntnisse zu gewinnen.

- Erwerb neuer Computerkenntnisse: Wenn jemand lernt, wie man eine neue Software verwendet oder bestimmte Computerfunktionen nutzt, beinhaltet dies das Verstehen der Benutzeroberfläche, das Erlernen von Befehlen und das Anwenden dieses Wissens, um Aufgaben am Computer zu erledigen.

- Sportliche Fertigkeiten verbessern: Beim Erlernen einer neuen Sportart oder beim Verbessern bestehender Fähigkeiten muss der Sportler Bewegungsabläufe verstehen, koordinieren und wiederholen, um technisch besser zu werden.

- Lernen einer historischen Epoche: Beim Studieren einer bestimmten Periode der Geschichte muss man Fakten, Ereignisse und Entwicklungen verstehen, um einen umfassenden Überblick über die Vergangenheit zu erhalten.

- Kreatives Schreiben: Beim Verfassen von Geschichten oder kreativen Texten müssen Autoren ihre Ideen organisieren, eine Struktur erstellen und Charaktere entwickeln, um eine zusammenhängende und fesselnde Erzählung zu schaffen.

- Lernen einer neuen Handwerkstechnik: Beim Erlernen einer handwerklichen Fertigkeit wie Stricken, Nähen oder Töpfern muss man Anleitungen befolgen sowie Techniken verstehen und anwenden, um das gewünschte Handwerksstück herzustellen.

- Lernen durch Spiele: Bildungs- oder Lernspiele nutzen kognitive Prozesse, um Wissen zu vermitteln. Spieler müssen Rätsel lösen, Informationen verarbeiten und Entscheidungen treffen, um im Spiel voranzukommen und zu gewinnen.

- Erlernen einer neuen mathematischen Methode: Beim Lernen neuer mathematischer Konzepte oder Lösungsmethoden müssen Schüler die Regeln verstehen, Übungen durchführen und diese auf verschiedene Probleme anwenden.

- Lernen einer neuen Fremdsprache durch Immersion: In einer Sprachumgebung, in der die Zielsprache ständig verwendet wird, müssen Lernende Wörter und Ausdrücke aufnehmen, die Bedeutung verstehen und in der Kommunikation anwenden.

- Erlernen von Finanzkenntnissen: Wenn jemand seine Finanzkenntnisse verbessern will, beinhaltet dies das Verstehen von Begriffen wie Budgetierung, Investitionen und Steuern sowie das Anwenden dieses Wissens, um passende finanzielle Entscheidungen zu treffen.

Diese Beispiele zeigen, wie vielfältig und allgegenwärtig das Lernen aus der Perspektive des Kognitivismus ist. Kognitive Prozesse spielen eine entscheidende Rolle in unserem täglichen Streben nach Wissen und Kompetenzen.

Man lernt immer! Man sammelt ständig bewusst und unbewusst Informationen (Wegmarkierungen, Gegebenheiten, Zusammenhänge, Konditionierungen, Einsichten, Erfolge und Misserfolge). Das sich laufend erweiternde Wissen wird miteinander kombiniert, neu verknüpft und auf neue Aufgaben angewendet. Dieses innere Kombinieren von Wissen und die Anwendung bei neuen Aufgaben mit daraus resultierenden Einsichten – das ist kognitives Lernen. Man ist sich in der Wissenschaft heute weitgehend einig, dass bei Säugetieren der größte Teil des Lernens so vonstattengeht. Man ist sich ebenfalls einig, dass auch Konditionierungen laut Behaviorismus realer Bestandteil des Lernens sind, Strafen und Belohnungen aber nur einen kleinen Teil des immerwährenden Lernens ausmachen. Unbewusste innere Vorgänge und Wissen sowie deren Kombinationen und Erkenntnisse gestalten den weitaus größten Teil des Lernens.

BEISPIELE FÜR KOGNITIVES LERNEN BEI TIEREN

Auch die verschiedenen Tierarten haben eine beeindruckende Bandbreite an kognitiven Fähigkeiten entwickelt, um sich an ihre Umwelt anzupassen und erfolgreich zu interagieren.

- **Werkzeuggebrauch bei Schimpansen:** Schimpansen sind bekannt für ihren Werkzeuggebrauch. Sie können Blätter als Schwämme verwenden, um Wasser aufzunehmen, und Zweige, um Termiten aus Termitenhügeln zu extrahieren.

- **Problem lösen bei Raben:** Raben sind äußerst geschickt im Lösen von Problemen. In einem Experiment mussten sie eine Serie von Aufgaben bewältigen, um an eine Belohnung zu gelangen, und sie zeigten erstaunliche Fähigkeiten im Planen und Ausführen komplexer Lösungsstrategien.

- **Spiegel-Selbsterkennung bei Elefanten:** Elefanten haben in Studien gezeigt, dass sie sich im Spiegel erkennen können. Sie nutzen ihre Rüssel, um Markierungen auf ihrem Körper zu berühren, nachdem sie sich im Spiegel gesehen haben.

- **Zahlengedächtnis bei Ratten:** Ratten können Mengen unterscheiden. In Experimenten konnten sie lernen, zwischen verschiedenen Mengen von Objekten zu wählen, um Belohnungen zu erhalten.

- **Labyrinth-Lernen bei Nagetieren:** Nagetiere wie Ratten und Mäuse können komplexe Labyrinthe durchlaufen und sich den Weg merken, um zu einer Belohnung zu gelangen. Dies zeigt ihre Fähigkeit zur räumlichen Orientierung und zum Lernen aus Erfahrung.

- **Soziales Lernen bei Hunden:** Hunde können durch Beobachten anderer Hunde oder Menschen lernen. Zum Beispiel können sie Tricks oder Verhaltensweisen von anderen Hunden imitieren.

- **Wegfindung bei Bienen:** Honigbienen können sich durch Tanzen mitteilen und so anderen Bienen den Weg zu einer Nahrungsquelle zeigen. Dieses Verhalten stellt eine Form des sozialen Lernens dar.

- **Werkzeuggebrauch bei Vögeln:** Neben Krähen nutzen auch andere Vögel wie Kakadus Werkzeuge. Kakadus können zum Beispiel Stöcke verwenden, um Insekten aus Baumrinde zu entfernen.

- **Wegfindung bei Zugvögeln:** Zugvögel haben erstaunliche Fähigkeiten zur Orientierung und Wegfindung über große Entfernungen, oft mit Hilfe von Sonne, Sternen oder dem Magnetfeld der Erde.

- **Mustererkennung bei Delfinen:** Delfine können Muster in ihrer Umgebung erkennen und auf diese Weise beispielsweise Artgenossen identifizieren oder verschiedene Objekte unterscheiden.

BEISPIELE FÜR KOGNITIVES LERNEN BEI HUNDEN

DER »ABLENKUNGSTRICK«

Seit Jahren bin ich Halter von jeweils zwei Hunden. Alle Hunde hatten einen unterschiedlichen Umgang miteinander und haben mir Beispiele geliefert, wie kognitives Lernen funktioniert und in der Praxis angewendet wird.

Vor vielen Jahren hatte ich ein Hundepärchen, »Puzzel« und »Koka«. Koka war eine Samojede-Hündin, die in Spanien geboren wurde und dort wahrscheinlich fast ausschließlich auf einem eingezäunten Grundstück gehalten worden war. Sicher auch angeboren, aber vermutlich ebenfalls durch die Haltung bedingt, verhielt sie sich sehr territorial anderen Hunden gegenüber. Menschen hat sie geliebt und jeden Einbrecher hätte sie sicher gezielt zum Kühlschrank geführt. Hunde mochte sie aber nicht, vor allem, wenn sie sich unserem Grundstück näherten.

Ihr Partner Puzzel war ein Mischling. Welche Rassen sich in ihm verewigt hatten, konnte man nicht genau identifizieren. Da ich ihn aus dem Tierheim Leipzig hatte, war er einfach mein »Leipziger Allerlei«. Und das passte auch zu ihm. Er hatte kognitiv allerlei zu bieten …

Auch Puzzel war territorial und teilte es mir lautstark mit, wenn sich vermeintliche Feinde näherten. Das Grundstück zu bewachen war eine seiner Lieblingsbeschäftigungen. Dazu hatte er einen Platz auf einer Fensterbank in meinem Arbeitszimmer, von dort aus konnte er seiner Tätigkeit als Wächter nachgehen. Selbstverständlich konnte ich kontrollieren, wenn er anfing sich zu »überarbeiten«. Jalousien waren da ein einfaches und pragmatisches Mittel, seine »Arbeitszeit« zu managen. Aber da er ein ausgeglichenes Leben führen durfte, übertrieb er es auch von sich aus nicht und suchte nach einer gewissen Zeit einen ruhigen Ruheplatz auf, um sich zu entspannen.

Puzzel und Koka bekamen zur Beschäftigung immer mal wieder je einen »Kong«, dieses Spielzeug, welches man mit Futter füllen kann. Puzzel war sehr geschickt darin, seinen zu leeren, und fast immer schneller fertig als Koka.

Eines Tages konnte ich beobachten, wie er, nachdem er seinen Kong geleert hatte, um Koka herumschlich, die mit ihrem noch beschäftigt war. Er hätte ihn ihr niemals in einer Auseinandersetzung streitig gemacht. Dafür hatten beide zu großen Respekt voreinander und waren eigentlich auch dicke Kumpel. Aber wenn er auf andere Weise Kokas Kong bekommen könnte, dann hätte er nicht »nein gesagt«. Er hielt sich also in Kokas Nähe auf und man konnte förmlich sehen, wie sich sein Gehirn anstrengte, um eine Strategie zu entwickeln.

Irgendwann schien er aufzugeben und sprang auf seine Fensterbank. Noch nicht ganz dort gelandet, fing er direkt so an zu bellen, wie er immer bellte, wenn sich ein fremder Hund näherte. Ich konnte allerdings gut erkennen, dass weit und breit kein Hund zu sehen war. Koka konnte das von ihrem Platz aus allerdings nicht einsehen. Puzzels vertrautes Bellen, das sonst immer auf einen »Feind« hinwies, war aber genügend Anlass für sie, ihren Kong liegen zu lassen und direkt neben Puzzel auf die Fensterbank zu springen, um zu sehen, was los war. Kaum war sie oben, sprang Puzzel direkt hinunter, schnappte sich ihren Kong und verschwand mit diesem in ein anderes Zimmer …

Erst nachdem Koka festgestellt hatte, dass sich kein Feind näherte, suchte sie ihren Kong an der Stelle, wo sie ihn verlassen hatte. Inzwischen hatte Puzzel diesen aber im anderen Raum geleert und lag friedlich und »unschuldig« in seinem Bettchen.

Ich war immer dabei, wenn die Hunde einen Kong bekamen. Und dieses Verhalten zeigte Puzzel an diesem Tag zum ersten Mal. Da er damit augenscheinlich Erfolg hatte, nutzte er die Strategie danach noch mehrere Male, bis Koka die Sache durchschaut hatte und den Kong bei »Alarm« mit auf die Fensterbank nahm.

Lasst uns einmal Revue passieren, was beim ersten Mal vor sich ging. Puzzel wusste ganz genau, dass Koka immer zu ihm auf die Fensterbank kam, wenn er dort bellte. Dass er bellte, obwohl kein fremder Hund in Sicht war, während Koka am Boden mit ihrem Futterspielzeug beschäftigt war, lässt durchaus folgenden Schluss zu: Er hatte die Möglichkeit erkannt und vorausgesehen, dass Koka auf die Fensterbank springen würde, wenn er dort bellte. Das konnte er aus seinem Wissen abrufen, weil er es schon oft erlebt hatte. Zudem spekulierte er darauf, dass sie dabei den Kong liegen lassen würde und er ihn sich aneignen kann. Und als ob das nicht schon strategisch schlau genug gewesen wäre, klaute er den Kong und verschwand damit in einen anderen Raum. Möglicherweise weil er vermutete, dass sie ihn dort nicht suchen würde, sondern an dem Platz, wo sie ihn verlassen hatte. Was ja dann auch so war. Man kann also insgesamt vermuten, dass Puzzel durch sein Wissen, Wissenskombinationen und innere Vorgänge gezielt gehandelt hat, um sein Ziel, den Kong zu »stehlen«, zu erreichen. Er hatte Erfolg damit, weshalb er die Strategie bei den nächsten Gelegenheiten wieder anwendete. Das Verhalten mit seiner Konsequenz war hier mit großer Wahrscheinlichkeit nicht zufällig, sondern aufgrund innerer Vorgänge geplant. Klare Anzeichen für kognitives Lernen!

Das war natürlich kein wissenschaftlich durchgeführter Versuch und kein nachweisliches wissenschaftliches Ergebnis. Man kann letztlich das Verhalten nur interpretieren und es im Bereich Anekdote einordnen. Aber auch Anekdoten haben durchaus einen wissenschaftlichen Wert, was wir später noch erläutern werden.

Diese Anekdote lässt sich auf jeden Fall so interpretieren, dass Puzzel nicht zufällig gehandelt hat und dadurch behavioristisch operant konditioniert wurde. Er hatte eher im kognitivistischen Sinn innerlich vorausgeplant und am Erfolg gelernt.

DIE BEOBACHTERIN

Labradorhündin »Luna« verbrachte viel Zeit damit, die Katze des Nachbarn bei ihren Streifzügen zu beobachten. Zudem liebte sie es, ihren Ball durch den Garten zu rollen. Eines Tages bemerkte sie, wie die Katze durch eine schmale Öffnung im Zaun schlüpfte. Luna lief zu ihrem Ball und erkannte offensichtlich, dass dieser Ball dazu genutzt werden konnte, die Öffnung zu blockieren. Sie bewegte den Ball an die richtige Stelle und verhinderte so, dass die Katze dort wieder zurückkommen konnte. Naja, fast ... Sie sah nicht, dass die Katze später an anderer Stelle über den Zaun sprang.

Obwohl man es vielleicht noch als Zufall ansehen könnte, dass der Ball beim Spiel vor dem Loch im Zaum liegen blieb: Luna rollte ihn immer wieder vor das Loch, auch wenn ihr Besitzer ihn an eine andere Stelle legte. Sogar wenn der Ball im Haus war, trug sie ihn raus und verstopfte stets gezielt die Lücke im Zaun. Man konnte also davon ausgehen, dass sie dies bewusst machte. Sie hatte Erfolg, die Katze kam nicht durch das Loch, solange der Ball den Zugang blockierte. Luna hat dafür nie eine Belohnung im behavioristischen Sinn bekommen. Ihr Erfolg veranlasste sie, die Strategie immer wieder zu verwenden, weil sie beobachten konnte, dass die Katze so nicht durch den Zaun kam. Sie hatte durch innere Prozesse eine kreative Lösung gefunden, indem sie Beobachtungen (Katze kommt und geht durch das Loch), ihre Fähigkeiten (den Ball zu bewegen) und Zusammenhänge verknüpfte. Sie lernte anhand von inneren Vorgängen, die zum Erfolg führten, und nutzte diese instrumentelle Konditionierung, die dadurch entstand, wie im Kognitivismus beschrieben.

DER PFOTEN-TÜRÖFFNER

Großpudel »Max« wollte oft ins Arbeitszimmer seines Herrchens gelangen, wenn die Tür geschlossen war. Er hatte alles probiert. Er war gegen die Tür gesprungen, hatte an ihr gekratzt und sie aus Frust angebellt ☺. Nichts half ihm, das Schloss zu öffnen und danach durch Drücken mit dem Körper die Tür zu öffnen. Zwar war er schon oft mit seinen Besitzern zusammen durch die Tür gegangen, nachdem diese sie durch das Herunterdrücken der Klinke geöffnet hatten. Wie die Besitzer aber glaubhaft versicherten, schaute er dabei nicht, zumindest nicht bewusst, auf die Klinke, sondern erwartungsfroh auf die rechte untere Ecke der Tür. Wahrscheinlich, um keine Zehntelsekunde zu spät durch den sich öffnenden Türschlitz zu huschen. Da er auch oft versuchte, an genau dieser Ecke zu kratzen, liegt die Vermutung nahte, dass er dort irgendeine Lösung dafür vermutete, wie man die Tür öffnen kann. Durchaus auch schon ein kognitiver Vorgang, denn schließlich hatte er die Erfahrung gemacht, dass die Tür irgendwann aufging, wenn seine Besitzer davor standen und er die Ecke anstarrte. Aber der Blick auf die Ecke erwies sich als keine Strategie mit Aussicht auf Erfolg, wenn kein Mensch dabei war. Folglich musste er ausdauernd weiter daran arbeiten, die Tür auch dann zu öffnen, wenn Frauchen oder Herrchen nicht da waren.

Max war natürlich nicht den ganzen Tag im Flur »ausgesperrt«. Da sein Herrchen aber zu Hause arbeitete und manchmal Kunden da waren, musste der kuschelfreudige Max ab und zu vor dem Arbeitszimmer verweilen. Was ihm nicht wirklich gefiel und weshalb er diverse Strategien ausprobierte, um ins Zimmer zu kommen.

Die Strategien, die er ausprobierte, führten also nicht zum Erfolg. So lag er eines Tages in einigem Abstand vor der Tür, als die Enkelin des Herrchens plötzlich auftauchte. Max war müde und glaubte wohl auch nicht, dass das Kind die Tür öffnen konnte, denn bisher hatte sie es auch nicht geschafft. Also blieb er liegen und beobachtete das Kind einfach nur. Doch die Enkelin hatte inzwischen gelernt, wie man Türen öffnet. Sie war zwar noch recht klein, aber sie stellte sich auf die Zehenspitzen, um die Klinke zu erreichen. Als sie es geschafft hatte, ging sie in das Arbeitszimmer und schloss die Tür hinter sich. Max war wohl etwas verwundert. Die Mutter des Kindes, die von einem anderen Raum die Szenerie beobachtet hatte, schilderte, wie Max danach aufgestanden sei und gezielt zur Türklinke geschaut habe. Sie meinte, man habe sprichwörtlich das Gehirn grübeln sehen können.

Dann stellte Max sich auf die Hinterbeine und legt die Vorderpfoten direkt auf die Türklinke, worauf sich die Tür öffnete und er endlich selbstständig das Arbeitszimmer betreten konnte.

Klar, es kann alles Zufall gewesen sein. Aber da Max es so oft erfolglos probiert hatte und dann direkt nachdem er das Mädchen beobachtet hatte eine Problemlösung fand, kann man davon ausgehen, dass hier klassisches Beobachtungslernen stattgefunden hat. Max hat ein Verhalten gezielt nachgeahmt und nicht zufällig auf die Klinke getreten, um zu seinem Ziel zu kommen. Das Erfolgserlebnis, das er mit seiner Strategie erreichte, führte mit großer Wahrscheinlichkeit dazu, dass der Lernprozess beendet und das Wissen abgespeichert wurde. Max rief das Wissen daraufhin immer wieder ab und war fortan ein Meister im Türöffnen. Auch in anderen Situationen und bei anderen Türen. Übrigens: Der Hund wurde nie noch zusätzlich belohnt. Der Erfolg reichte aus, um den Lernprozess abzuschließen.

DER WEG ÜBER DEN FLUSS

Dackel »Milo« war einer der Hunde, die Wasser überhaupt nicht mögen. Bei jeder Pfütze, die irgendwo seinen Weg abschnitt, schnüffelte er vorsichtig und berührte das Wasser maximal leicht mit der Pfote. Zu allem Übel passierte es ihm einmal, dass er beim Gassigehen von der Böschung abrutschte und in einen Bachlauf fiel. Dass er danach nass war, gefiel ihm ganz und gar nicht. Er hatte die Erfahrung gemacht, dass Wasser unangenehm feucht ist, und das war in seiner individuellen Wahrnehmung behavioristisch gesehen eine positive Strafe. Er war operant konditioniert, dass Wasser nichts Gutes ist und er es lieber meiden sollte.

Dafür liebte Milo es aber sehr, kreuz und quer im Wald herumzuhüpfen und vor allem auf Baumstämmen zu balancieren. Sein Herrchen fand es auch gut, dass der Hund so seine Fitness täglich trainierte. Obwohl Milo das Balancieren an sich viel Spass machte und er dafür mit körpereigenen Botenstoffen belohnt wurde, bekam er von seinem Herrchen zusätzlich noch Leckerchen dafür. Er wurde für das Balancieren belohnt bzw. behavioristisch positiv verstärkt und operant konditioniert. Gleichzeitig wurde er aber auch klassisch konditioniert, weil die guten Gefühle, die er beim Balancieren hatte, schon aufkamen, wenn er nur einen Baumstamm sah. Seine Vorfreude tat er immer schon durch Bellen kund, wenn er ein für seine Größe geeignetes Objekt in einiger Entfernung sah.

Milo hatte also das Wissen, dass Wasser unangenehm ist. Und das Wissen, dass man auf Stämmen laufen kann, was für ihn zudem noch angenehm war. Zwei Sachverhalte, die auf den ersten Blick nichts miteinander zu haben. Jetzt kam es aber, dass er und sein Herrchen an einem Bach spazieren gingen, als Milo auf der anderen Seite des Bachs einen Hasen entdeckte. Wer jetzt denkt, »oh, oh« – der denkt genau richtig. Milo konnte den Dackel, bzw. den Jagdhund in sich nicht leugnen. Der Anblick eines Hasen rief seinen Jagdverhalten auf den Plan. Allerdings war dieser dumme Bach zwischen ihm und der glückbringenden Jagd. Sein Mensch blieb entspannt, als Milo am Ufer herumsprang und den Hasen verbellte. Er wusste genau, dass sein Hund nicht durch das Wasser laufen – bzw. bei seiner Größe eher schwimmen – würde. Der Hase verstand die Situation anscheinend genauso. Auch er ging unbekümmert seiner Tätigkeit des Fressens nach, als er den Hund bellen hörte. Er wusste vermutlich aus seiner Lebenserfahrung, dass so ein fließendes Gewässer ein guter Schutz gegen kleine Dackel war. Er nutzte sein Wissen hier kognitiv. Ob das richtig war, würde sich noch zeigen …

Der bellende Möchtegern-Hasenjäger erblickte nämlich in einiger Entfernung etwas, was ihn verstummen und »nachdenklich« werden ließ.

Dort war nämlich beim letzten Sturm ein kleiner Baum umgefallen, der über dem Bach lag. Ein Stamm. Etwas, worauf man laufen konnte, wie Milo genau wusste. Und so schilderte sein Herrchen später, wie man Milo förmlich »denken sehen« konnte. Und dann lospreschen. In Richtung des Baumstammes, über den er zügig balancierte und in null Komma nichts das andere Ufer erreichte. Man kann sich denken, dass die Rufe des Herrchens erfolglos blieben. Die konditionierten Glücksgefühle beim Balancieren und die Aussicht auf die glücksstiftende Jagd überwogen gegenüber allem, was Herrchen zu bieten hatte. Natürlich hatte der Hase die Situation blitzschnell erkannt, weshalb er in beeindruckender Geschwindigkeit die Szenerie verließ und den ratlosen Milo im Kreis schnüffelnd zurückließ, als dieser an der Stelle ankam, wo der Hase zuvor gesessen hatte. So konnte der Besitzer, der fluchend und mit nasser Hose von der Bachüberquerung beim schnüffelnden Milo ankam, seinen Hund anleinen.

Viele werden jetzt denken: Warum war er nicht angeleint etc.? Das habe ich dem Hundehalter später auch erklärt und mit ihm verschiedene Dinge trainiert bzw. entsprechendes Management vermittelt. Aber darum geht es hier nicht, sondern es geht um das wunderbare Beispiel von kognitivem Lernen: das Verknüpfen von Wissen und das Handeln aus dieser Verknüpfung heraus. Dieses Beispiel zeigt sehr schön auf, wie zwei behavioristisch gelernte, konditionierte Verhalten (Wasser meiden und über Stämme laufen) kombiniert dazu führen, dass der Hund etwas kognitivistisch lernt. Er hat vorausgedacht, dass er über den Stamm laufend das Wasser überwinden kann, und hatte Erfolg.

Wenn man die Begrifflichkeiten der verschiedenen Theorien an dieser Stelle anwendet, hat der Hund am Erfolg gelernt. Da seine Handlung vorausgedacht war und nicht zufällig, spricht man hier nicht von Konditionieren. Ein kleiner feiner Unterschied, der in der Hundeerziehung leider oft übersehen wird.

Nun könnte man meinen, so einen Weg über einen Bach finden doch viele Tiere automatisch, das wissen sie einfach. Das mag so aussehen und logisch erscheinen. Viele Tiere wissen es auch. Aber nicht einfach so – sie haben das Wissen durch kognitives Lernen erlangt. So wie unser Freund Milo.

In der Lerntheorie des Kognitivismus entscheiden Erfolg oder Misserfolg, ob ein Verhalten wiederholt oder zukünftig seltener bis gar nicht mehr gezeigt wird.

ANEKDOTEN UND WISSENSCHAFT

Anekdoten sind persönliche Geschichten oder Erzählungen, die oft eine interessante oder lehrreiche Pointe haben. Obwohl sie auf den ersten Blick möglicherweise nicht immer als wissenschaftlich relevant erscheinen, können Anekdoten in der Wissenschaft tatsächlich durchaus hilfreich sein. Hier sind einige Gründe, warum Anekdoten einen Mehrwert bieten können:

- **Veranschaulichung von Konzepten:** Anekdoten können komplexe wissenschaftliche Theorien auf eine verständliche und greifbare Weise veranschaulichen. Durch die Verknüpfung abstrakter Ideen mit konkreten Situationen oder Ereignissen tragen Anekdoten dazu bei, dass Menschen ein besseres Verständnis für die Thematik entwickeln.

- **Emotionale Verbindung:** Anekdoten können Emotionen wecken, die das Interesse an einem wissenschaftlichen Thema verstärken. Geschichten von persönlichen Erfahrungen oder Begebenheiten können eine emotionale Verbindung zu den Menschen herstellen, was dazu führt, dass sie sich stärker mit dem Thema auseinandersetzen.

- **Menschliche Aspekte hervorheben:** Wissenschaftliche Fakten und Theorien wirken oft abstrakt und distanziert. Anekdoten hingegen bringen Erfahrungen, Herausforderungen und Errungenschaften ins Spiel, die den menschlichen Aspekt der Wissenschaft betonen. Dies kann das Verständnis dafür fördern, wie Wissenschaftler arbeiten und wie wissenschaftliche Entdeckungen den Alltag beeinflussen.

- **Motivation und Inspiration:** Anekdoten von Forschern oder Wissenschaftlern, die Hindernisse überwunden oder bahnbrechende Entdeckungen gemacht haben, können als Quelle der Motivation und Inspiration dienen. Solche Geschichten können junge Wissenschaftler ermutigen und ihnen zeigen, dass Fortschritt möglich ist, selbst wenn der Weg steinig ist.

- **Kontextualisierung von Daten:** Anekdoten können dazu beitragen, wissenschaftliche Daten oder Studienergebnisse in einen breiteren Kontext zu stellen. Sie helfen, die Bedeutung und Relevanz von Daten zu veranschaulichen, indem sie diese in eine Geschichte oder einen realen Anwendungsfall einbetten.

- **Kommunikation mit Laien:** Wissenschaftliche Fachsprache und komplexe Konzepte sind für Menschen ohne wissenschaftlichen Hintergrund oft schwer verständlich. Anekdoten können verwendet werden, um diese Konzepte in einfacherer Sprache zu erklären und sie für ein breiteres Publikum zugänglich zu machen.

- Trotz dieser Vorteile ist es wichtig zu betonen, dass Anekdoten in der Wissenschaft nicht an die Stelle fundierter empirischer Daten oder evidenzbasierter Argumentation treten. Anekdoten sollten nur als ergänzendes Mittel zur Erklärung, Veranschaulichung und Anregung in der Vermittlung wissenschaftlicher Ergebnisse dienen.

KOGNITIVES LERNEN IN DER HUNDEERZIEHUNG

Nachdem wir jetzt viel über die Lernmechanismen an sich erfahren haben und unser starres Denkmodell vom behavioristisch durch Verstärkung und Hemmung lernenden Hund um ein weiteres Denkmodell erweitert wurde, kommen wir zu der eigentlichen Frage: Wie können wir diese Theorie des Kognitivismus denn nun in der Praxis mit unserem Hund nutzen?

Der erste Nutzen ist schon, überhaupt zu wissen, dass ein Hund wesentlich komplexer lernt als nur über Belohnung, Strafe, Konditionierung etc. Und dass er in der Lage ist, erworbenes Wissen vielfältig und angepasst zu nutzen. Alle, die Hunde als hauptsächlich instinktgesteuerte und programmierbare Lebewesen gesehen haben, müssen heute eingestehen, dass Hunde über ihre eigene Intelligenz verfügen und eben nicht nur »Instinktverhalten« zeigen und dazu noch beliebig vom Menschen programmiert werden können. Es sind eigenständig handelnde und lernende Individuen mit einem sehr weit entwickelten Gehirn und mit einer ähnlichen Emotionswelt wie Menschen, aber auch mit lange Zeit nicht beachteten kognitiven Fähigkeiten. Das wisst ihr natürlich ☺. Mit diesem Buch haben wir aber etwas an der Hand, womit man in diversen Bereichen auch mal gut argumentieren kann.

Behavioristisches Training ist wichtig

An dieser Stelle muss aber auch gesagt werden, dass das behavioristische Lernen in der Hundeerziehung eine in breitem Konsens anerkannte Form des Lernens ist. Klassische und operante Konditionierung finden statt, darüber ist man sich weitgehend einig. Allerdings sind sie nur ein Teil des Lernens, auch darüber herrscht in der Wissenschaft heute allgemein Konsens. Das wesentlich komplexere kognitivistische Lernen macht nach allgemeinem Verständnis den größten Teil des Lernens bei Säugetieren aus. Trotzdem ist es gerade in der Hundeerziehung wichtig, das behavioristische Lernen breit aufgestellt zu beherrschen und auch anzuwenden. Man kann über Belohnung, also positive Verstärkung, schnell und nachhaltig Verhalten anpassen und/oder verändern, ohne dem Hund zu schaden – wenn man es dosiert und professionell macht. Und wenn man dem Hund genügend Freiraum lässt, durch kognitivistisches Lernen Selbstvertrauen zu behalten oder zu bekommen.

Eine weitere angenehme Eigenschaft des behavioristischen Lernens ist, dass man über die klassische Konditionierung gezielt angenehme Gefühle hervorrufen kann, was in diversen Bereichen nachhaltig genutzt werden kann. Darauf möchte ich aber nicht näher eingehen, weil es hier um die Lerntheorie des Kognitivismus geht. Über das Lernen in der Hundeerziehung über den Behaviorismus gibt es unzählige Bücher – bzw. alle Erziehungsbücher drehen sich mehr oder weniger um diese Lerntheorie. Auch die, die es selbst nicht wissen und strafbasiertes Training mit schönen Worten wie »Beziehung«, »nonverbal« oder Rudelführungsmythen umschreiben. Strafe und unangenehme Konsequenzen sind dem Behaviorismus entliehen, egal wie man sie umschreibt. Sie »funktionieren« zwar (mit meist üblen Nebenwirkungen), schränken aber die Möglichkeiten des Lernens stark ein. Denn Lernen über Belohnung und Strafe sind nur ein kleiner Teilbereich des Lernens an sich. Und man sollte durch eine zu enge Sicht auf das Lernen in der Hundeerziehung dem Hund nicht die Fähigkeit nehmen oder sie einschränken, das Lernen in seiner ganzen Komplexität und in all seinen Farben zu erleben.

Kognitives Lernen im Hundealltag

Kommen wir jetzt aber zu den Möglichkeiten, wie wir das kognitive Lernen in der Hundeausbildung nutzen können. Dazu möchte ich einige klassische »Baustellen« heranziehen, die beim Zusammenleben mit Hunden immer mal wieder vorkommen.

UNSICHERHEITEN, ANGST UND FURCHT

Erfolge spielen eine entscheidende Rolle bei der Stärkung des Selbstvertrauens und können wirksam dazu beitragen, Ängste und Unsicherheiten zu bekämpfen. Dieser Zusammenhang zwischen Erfolg, kognitivem Lernen und der Überwindung von Ängsten und Unsicherheiten basiert auf einer Vielzahl von psychologischen Prinzipien.

Das Erreichen von Zielen erfordert oft die Überwindung von Hindernissen und Schwierigkeiten. Bei diesem Prozess lernt man Probleme zu lösen, Strategien zu entwickeln und Schwierigkeiten zu bewältigen. Dieses erworbene Wissen und diese Fähigkeiten können auf zukünftige Herausforderungen übertragen werden und helfen dabei, Ängste und Unsicherheiten zu reduzieren.

Erfolge bieten reale Beweise dafür, dass man in der Lage ist, Ziele zu erreichen und Herausforderungen zu meistern. Dies führt zu einer Erfahrungsbasis, auf der man aufbauen kann. Die Erinnerung an vergangene Erfolge kann als Quelle der Zuversicht dienen, wenn man mit neuen Herausforderungen konfrontiert wird.

Das Verfolgen von Zielen geht oft mit Rückschlägen und Fehlern einher. Durch das kognitive Lernen kann man diese

Misserfolge als wertvolle Lektionen betrachten und Strategien entwickeln, um beim nächsten Versuch erfolgreicher zu sein. Dieser Ansatz mindert Versagensängste, da Misserfolge nicht als endgültige Niederlagen, sondern als Teil des Lernprozesses betrachtet werden.

Zusammengefasst lässt sich sagen, dass Erfolge das Selbstvertrauen stärken, indem sie positive Rückmeldungen liefern, kognitive Fähigkeiten entwickeln, Zuversicht aufbauen, Fehler als Lerngelegenheiten betrachten und das Selbstbewusstsein steigern. Auf diese Weise können Erfolge dazu beitragen, Ängste und Unsicherheiten zu bekämpfen, da sie die individuelle Widerstandsfähigkeit und das Vertrauen in die eigenen Fähigkeiten erhöhen.

Es ist in der Hundeausbildung daher vollkommen kontraproduktiv, Hunde über unterdrückende, einschüchternde Maßnahmen zu trainieren. Ihnen Erfolge praktisch zu verwehren und sie nur das tun zu lassen, was gerade »erlaubt« ist, produziert am Ende fast immer unsichere Hunde, die auch nicht flexibel genug handeln und reagieren können, wenn sie mit neuen Situationen konfrontiert werden.

Es ist bei den Erfolgen aber wichtig, dass der Hund sie erreichen will, dass er bewusst nach etwas strebt und dafür Methoden und Strategien anwendet, die er zuvor gelernt oder die er kognitiv vorausgeplant hat. Eine externe Belohnung, die er für etwas bekommt, was der Mensch von ihm verlangt, verstärkt zwar dieses spezielle Verhalten. Aber der Einfluss auf das Selbstvertrauen als Gegenspieler von Ängsten und Unsicherheiten ist durch Erfolg aufgrund von Vorausplanung größer als durch Belohnung für ein Verhalten, welches extern gesteuert und belohnt wird.

Die Selbstbestimmungstheorie von Deci und Ryan (1985) legt nahe, dass intrinsische Motivation, also die Motivation aus innerem Interesse, motivierender und nachhaltiger ist als extrinsische Motivation, die von äußeren Belohnungen abhängt. Erfolg kann intrinsische Motivation stärken, da er ein Gefühl der Kompetenz und Selbstwirksamkeit vermittelt.

Praktische Trainingsansätze

Selbstverständlich gibt es bei Angstproblemen und Unsicherheiten diverse Möglichkeiten, über behavioristische Werkzeuge Trainings bzw. Therapien durchzuführen. Als Schlagworte seien hier die Gegenkonditionierung oder auch Desensibilisierung aus der klassischen Konditionierung genannt, die wichtige Bausteine bei den genannten Problemen sein können. Allerdings möchte ich hier nur auf die Elemente aus der kognitivistischen Lerntheorie eingehen. Das heißt nicht, dass das eine der Königsweg ist und das andere überflüssig oder schlecht. Ich möchte hier keinen »Ersatz für« propagieren, sondern wissenschaftlich begründete Möglichkeiten aufzeigen, die bisher im Hundetraining nicht oder fast nicht besprochen wurden. Die Dosis und die Mischung machen es. Und die Bereitschaft, reflektiert zu denken und ausgetretene Pfade, die zwar auch zum Ziel führen, einmal zu verlassen, um auch alternativen oder ergänzenden Wegen eine Chance zu geben.

SELBSTVERTRAUEN GRUNDSÄTZLICH FÖRDERN

Wege vorgeben lassen

Erfolg im kognitivistischen Sinn ist also der Schlüssel zu mehr Selbstvertrauen, welches wiederum ein wichtiger Baustein ist, um Ängsten und Unsicherheiten zu begegnen.

Grundsätzlich gibt es diverse Wege, wie man einem Hund Erfolgserlebnisse bescheren kann, die nicht auf einer Belohnung von außen fußen, sondern die seiner intrinsischen Motivation geschuldet sind.

Wenn man zum Beispiel einen längeren Spaziergang macht, kann man diesen so wählen, dass es ab einem gewissen Punkt mehrere Möglichkeiten gibt, den Heimweg anzutreten. Möglich sind Weggabelungen, die alle einen Weg nach Hause weisen, der eine vielleicht länger, der andere kürzer und der dritte vielleicht unbequem durch die »Wildnis«. Geht diese Wege alle mehrmals mit dem Hund ab, aber jeden Tag einen anderen. Wechselt immer wieder die Möglichkeiten, sodass nicht ein Weg der von euch favorisierte und immer vorgegebene ist. Macht das eine oder maximal zwei Wochen und am besten bei ganz neuen Wegen, die nicht schon als ewig gleich abgespeichert sind. Dann, nach der Woche, gebt ihr den Weg an der Gabelung nicht vor. Lasst einfach euren Hund entscheiden, wo er gehen möchte. Vermutlich wird er anfangs darauf warten, dass ihr den Weg vorgebt. Irgendwann wird er sich aber, vielleicht nur langsam, in eine der möglichen Richtungen bewegen. Dann folgt ihr ihm einfach. Und in dieser speziellen Situation bitte ohne Lob, sondern einfach ganz still. Schon dieser kleine Step, dieses Vorgeben der weiteren Richtung ist ein Erfolg für einen Hund. Dieser Erfolg wirkt wie eine Injektion Selbstvertrauen. Er hat entschieden, von innen heraus. Er hat sein inneres Wissen genutzt, um rauszufinden, welcher Weg für ihn am angenehmsten ist und auch nach Hause führt. Und dieser Erfolg von innen ist, wie vorher beschrieben, wesentlich wertvoller für das Selbstvertrauen als eine äußere Motivation – also eine behavioristische Belohnung.

Wie gesagt: Wenn ich einem Hund etwas beibringen möchte, was ich von ihm verlange, ist Training über behavioristische Belohnung, über positive Verstärkung, das Mittel der Wahl. Eine solche Belohnung wäre hier aber kontraproduktiv, weil sie das Erfolgserlebnis durch innere Motivation konterkarieren würde. Ich weiß, es ist manchmal schwer, nicht zu belohnen ☺! Man muss aber die eigene innere Motivation zu Belohnung in diesem Fall mal unterdrücken. Wir wollen hier Selbstvertrauen beim Hund aufbauen und ihm nicht ein spezielles Verhalten beibringen.

Zusätzliche Belohnung kann an der falschen Stelle den Erfolg von innerer Motivation konterkarieren.

Den Hund an einer Gabelung den Weg vorgeben lassen ist also ein wichtiges Mittel, ihm Erfolg zu gönnen und Selbstvertrauen aufzubauen. Der Hund wird aber nach dem Erfolg mit großer Wahrscheinlichkeit in den Tagen darauf immer wieder denselben Weg wählen, wenn er die Wahl hat. Darum sollte man es so halten, dass im täglichen Wechsel einmal der Mensch den Weg vorgibt und einmal der Hund. Dann ist die freie Wahl an jedem zweiten Tag schon ein Erfolg und fördert das Selbstvertrauen.

Eine weitere Möglichkeit, das Selbstvertrauen zu fördern, ist, den Hund immer mal wieder, auch in unbekanntem Gelände, den Weg vorgeben zu lassen. Auch mal querfeldein oder durchs Gebüsch, soweit es erlaubt ist. Natürlich müsst ihr subtil den Weg am Ende doch vorgeben, aber gönnt ihm die Erfolgserlebnisse, die sein Selbstvertrauen stärken.

Und nein: Wenn Hunde mal Entscheidungen treffen dürfen, wenn sie Erfolg haben dürfen, werden sie nicht gleich größenwahnsinnig, aggressiv oder wollen die Welt erobern. Ganz im Gegenteil. Selbstbewusste Hunde sind meist auch viel entspannter, weil sie ein ausgeglichenes Hormonsystem haben. Und bei ausgeglichenem Hormonsystem kommen Aggressionen wesentlich seltener vor, weil Stresshormone wie Adrenalin und entgegenwirkende beruhigende Hormone wie Serotonin in einem ausgewogenen Verhältnis stehen.

Selbstverständlich müssen Erfolg und Misserfolg in einem individuell günstigen Verhältnis eintreten. Ein Hund darf nicht ausschließlich Erfolg haben, aber bei Angsthunden ist es zunächst wichtig, das sie Selbstvertrauen aufbauen. Und der Schlüssel dazu ist Erfolg.

ERFOLG BEI DER MAHLZEIT

Hunde müssen immer mal wieder Erfolgserlebnisse haben, was zu einem verbesserten Selbstvertrauen führt, welches Ängsten und Unsicherheiten entgegenwirken kann, Ausgeglichenheit fördert und den Hund gelassener in diversen Situationen macht.

Eine wichtige innere Motivation ist das Bedürfnis nach Nahrung. Man sollte einem Hund daher bei einer Mahlzeit am Tag die Möglichkeit lassen, einen von ihm innerlich geplanten Erfolg bei der Nahrungsbeschaffung zu verzeichnen. Also nicht einfach den Napf hinstellen und fressen lassen. Man kann es auch etwas schwieriger für den Hund gestalten, an das Futter heranzukommen. Viele sprechen in diesem Zusammenhang davon, dass man den Hund sein Futter »erarbeiten lassen sollte«. Die Bezeichnung »Arbeit« finde ich in Bezug auf Hunde nicht ganz passend, allerdings ist »Arbeit« ebenfalls einer dieser Begriffe, bei deren Interpretation kein absoluter Konsens herrscht, wie am Anfang des Buches dargestellt.

Erfolg durch kognitives Lernen beim Nahrungserwerb kann man über unzählige Beschäftigungsmodelle sehr gut erreichen. In meinem Buch »Einfach Hund sein dürfen« erläutere ich detailliert, warum Futterbeschäftigung aus Gründen eines natürlichen Tagesablaufs wichtig für einen ausgeglichenen Hormonhaushalt ist. Man kann hier aber zusätzlich den Nutzen anführen, über kognitives Lernen einen Erfolg zur Stärkung des Selbstvertrauens zu erreichen. Wenn ein Hund z.B. einen gefüllten Gitter-Futterball bekommt, dann lernt er, dass der Ball nicht wegrollt, wenn er ihn zwischen den Pfoten hält. Er lernt auch, dass er Zipfel oder Stücke des Futters packen muss, die aus dem Ball herausragen. Er muss an ihnen ziehen, um sie herauszubekommen. Geht das leicht, zieht er einfach. Wird es aber schwieriger und der Ball rollt beim Versuch immer wieder weg, muss er ihn zwischen den Pfoten festhalten. Er muss, um zum Erfolg zu kommen, also zwei Verhaltensmuster kombinieren. Er denkt voraus, versucht und kommt ans Futter. Er hat Erfolg.

Genau das ist kognitives Lernen: Bekannte Verhaltensweisen im Kopf kombinieren, ausprobieren und im besten Fall damit Erfolg haben. Alle Spiele- und Beschäftigungsbücher der letzten Jahre zeigen letztendlich also auf, wie kognitives Lernen funktioniert, und weisen einen Weg, wie man Hunden Erfolge und somit Selbstvertrauen geben kann. Obwohl ich mir bei vielen Büchern sicher bin, dass die Autoren da nicht immer wussten, wie gut sie kognitives Lernen fördern und beschreiben. Wichtig ist dabei natürlich, dass die Aufgaben auch zu bewältigen sind und man dem Hund NICHT hilft. Man kann es so gestalten, dass der Erfolg sehr wahrscheinlich eintritt, ohne dass man eingreift. Es geht hier um die Klassiker wie gefüllte Kongs, Papprollen, Spielekisten und ähnliches »Spielzeug«, welches Hunde dazu verleitet, diverse Praktiken anzuwenden und diese im Kopf zu verknüpfen oder zu verwerfen, um zum Erfolg zu kommen. Ich muss hier nicht alle neu aufzählen. In den Büchern von Christina Sondermann findet man unzählige Beispiele, wie man Hunden Erfolge über diese »Nahrungsbeschaffungsspiele« bescheren kann.

HÜNDISCHE STRATEGIE AKZEPTIEREN

Entgegen oft veröffentlichter Meinung sind Hunde keine Lebewesen, die Konflikte suchen oder diese gar häufig benötigen. Natürlich muss jedes Lebewesen dann und wann Konflikte durchleben, um Strategien zu entwickeln, damit umzugehen. Beim Urvater der Hunde, dem Wolf, ist es aber so, dass Konflikten, vor allem körperlichen, tunlichst aus dem Weg gegangen wird. Das hat den einfachen evolutionären Grund, dass körperliche Konflikte Verletzungen nach sich ziehen können, die wiederum die Nahrungsbeschaffung schwer bis unmöglich machen würden. Fitness vor Kampf, das ist eine wichtige Devise in der Natur. Auch wenn Menschen das oft nicht verstehen und denken, Raubtiere wären immer kampfbereit, auf Stunk aus und würden es mit allem aufnehmen, was sich bewegt: Genau das Gegenteil ist bei einem gesunden Raubtier der Fall. Mehr als andere Lebewesen sind sie auf ihre Fitness angewiesen, weil Jagd und Nahrungsbeschaffung dies in besonderem Maß erfordern. Ständig in körperliche Konflikte verwickelt zu sein wäre da nicht hilfreich. Deshalb sind die meisten Raubtiere Konfliktvermeider und gehen körperlichen Auseinandersetzungen im sozialen Kontext möglichst aus dem Weg. Bei der Jagd können sie das natürlich nicht, aber auch da wird in der Regel so agiert, dass die Verletzungsgefahr eingeschätzt und so niedrig wie möglich gehalten wird.

Es ist dem Vorfahren des Hundes, dem Wolf, also angeboren, sich Konflikten zu entziehen. Und trotz der diversen Veränderungen im genuinen Verhalten im Laufe der Domestikation steckt das Erbe des Konfliktvermeidens immer noch tief im Hund. Zeigen Hunde diese Eigenschaft nicht, dann sind sehr häufig Menschen mit einer falschen Ausbildung bzw. »Erziehung« daran schuld.

Gehen wir beim »normalen« Hund also ruhig davon aus, dass er nicht auf unnötige Auseinandersetzungen aus ist.

Im Blut liegt dem Hund auch, dass er sich von Gefahren wegbegibt, wenn er die Bedrohung verringern möchte. Er lernt das schon als Welpe. Wenn sich gebalgt wird und er weggeht, wird er in der Mehrheit der Fälle in Ruhe gelassen. Wenn in der Küche etwas hinunterfällt und der Lärm ihn verängstigt, steht er auf und geht ins Wohnzimmer, weg von der Gefahrenquelle. Wenn sich seine Besitzer streiten, dann entflieht er der aggressiven Stimmung in einen anderen Raum.

Er beobachtet, dass ein anderer Hund von einem größeren Hund attackiert wird. Als der kleinere dann wegläuft, lässt der größere von ihm ab. Er sieht, dass einer seiner Besitzer den Raum verlässt, als dessen Partner ihn laut anspricht – und dass danach alles wieder ruhig ist. Durch seine Erfahrung von Geburt an und durch kognitives Lernen, also durch Beobachtung und Erkenntnis, weiß der Hund, dass es eine gute Strategie ist, sich von potenzieller Gefahr oder Aggression zu entfernen, um sicher zu sein.

Wenn ein Hund jetzt einer in seinen Augen bedrohlichen Situation begegnet – sei es ein anderer Hund, der ihn anbellt und offensiv bedroht oder sei es ein völlig fremder Gegenstand an einer ungewohnten Stelle –, dann wendet er von sich aus oft die Strategie an, die er kognitiv erlernt hat und die seine innere Motivation ihm vorgibt: weg von der Gefahr oder sich zumindest nicht unnötig nähern. Falls ihr also merkt, dass sich euer Hund in unsicheren Situationen, z.B. bei Begegnungen mit fremden Hunden, wegbewegen möchte, einen Bogen laufen, umkehren oder aber sich einfach nicht annähern möchte, dann lasst euren Hund mit der Strategie Erfolg haben. Wenn er hier mit der kognitiv vorausgedachten Strategie, einer Gefahr oder einem Konflikt aus dem Weg zu gehen, Erfolg hat, bekommt er Selbstvertrauen, welches Grundlage für ein ausgeglichenes Hormonsystem ist und Ängste und Unsicherheiten bekämpft bzw. gar nicht aufkommen lässt.

Es wäre kontraproduktiv, den Hund durch solche Situationen zu zwingen, ihn zu ziehen oder gar zu strafen, wenn er wegzieht oder der vermeintlichen Gefahr mit anderen Strategien aus dem Weg gehen möchte. Dadurch wird er unsicher, weiß beobachtete oder erlernte Strategien nicht anzuwenden und vertraut auch seinem Besitzer nicht. Die daraus resultierende Unsicherheit kann zu aggressivem Verhalten führen. Das System der Strafe aus dem Behaviorismus ist also auch hier wieder völlig fehl am Platz.

Die Strategie eines Hundes, einer vermeintlich unangenehmen Situation aus dem Weg zu gehen, sollte erlaubt werden, um Ausgeglichenheit und Selbstvertrauen zu stärken.

FORDERUNGEN (MANCHMAL) NACHGEBEN

Wenn ein Hund etwas fordert, dann möchte er etwas Bestimmtes erreichen. Er hat also eine innere Motivation und eine genaue Vorstellung davon, was nach der Forderung kommen könnte. Lassen wir einmal außen vor, wie er es gelernt hat, ob behavioristisch konditioniert oder kognitivistisch abgeschaut. Er weiß auf jeden Fall, dass nach der Forderung seine innere Motivation, also das, was er sich erhofft, möglicherweise erfüllt wird. Dass er mit der Strategie, beispielsweise seinen Kopf auf das Knie seines Menschen zu legen, vielleicht Erfolg haben kann. Darum sollten Menschen ihrem Hund diese Erfolge gönnen. Also ruhig mal das machen, was der Hund gerade verlangt. Weil Erfolg Selbstvertrauen bringt und Ängste und Unsicherheiten bekämpft. Aber natürlich darf der Hund nicht immer Erfolg mit seinen Forderungen haben. Es muss ein gesundes Verhältnis zwischen Erfolg und Misserfolg sein. Er muss wissen, dass die Strategie (hier Kopf auf das Knie) möglicherweise Erfolg haben kann, aber nicht zwangsläufig haben muss. Und wenn er mal keinen Erfolg hat, muss er nicht gleich frustriert sein – er hat ja abgespeichert, dass es beim nächsten Mal vielleicht klappt. Und er hat durch unsere kognitivistischen Methoden das Selbstvertrauen, sodass ihn Misserfolge nicht gleich aus der Bahn werfen. Wie würde ein Misserfolg in diesem Beispiel aussehen? Ganz einfach: Ihr geht stur nicht auf die Forderung ein. Und wenn die Forderung dann doch mal penetrant wird, beschäftigt ihr euch einfach mit was anderem oder geht kurz aus dem Raum. Aber straft nicht oder redet nicht auf den Hund ein. Er darf nur einfach keinen Erfolg haben. That's it!

Welches Verhältnis zwischen Erfolg und Misserfolg ist sinnvoll?

Eine ganz klare Regel gibt es da nicht. Es kommt zudem auf das Individuum an. Als etwas schwammige Faustregel aus meiner praktischen Arbeit kann ich aber sagen, dass dreißig bis vierzig Prozent Erfolg ungefähr sechzig bis siebzig Prozent Misserfolg gegenüberstehen sollten. Bei Forderungen wie der Strategie, einem anderen Hund ausweichen zu dürfen, sollte der Hund jedoch zu hundert Prozent Erfolg haben.

Bei diesem Verhältnis von ca. vierzig zu sechzig Prozent hat der Hund genügend Erfolge, um das Selbstvertrauen zu stärken, lernt aber gleichzeitig mit Misserfolgen umzugehen. Und die Frustrationstoleranz wird ganz nebenbei im Alltag mittrainiert.

AGGRESSIONEN ALLGEMEIN UND HUNDEBEGEGNUNGEN

Kognitives Lernen spielt eine wichtige Rolle bei der Bewältigung und der Verringerung von Aggressionen. Aggressives Verhalten ist in vielen Fällen auf unangemessene Reaktionen bei Stress oder Frustration sowie auf eine begrenzte Problemlösungsfähigkeit zurückzuführen. Auf verschiedene Weise kann kognitives Lernen dazu beitragen, Aggressionen zu reduzieren.

- Kognitive Lernansätze stärken die Entwicklung von Problemlösungsfähigkeiten: Indem gelernt wird, effektive Strategien zur Lösung von Konflikten und Problemen zu entwickeln, können diese Strategien aggressive Reaktionen vermeiden. Dies kann auch helfen, Frustrationen abzubauen, die oft zu Aggressionen führen.

- Kognitive Lernprozesse helfen, die Impulskontrolle zu verbessern: Dies ist entscheidend, um in stressigen oder provozierenden Situationen ruhig zu bleiben und nicht impulsiv aggressiv zu reagieren.

- Kognitive Ansätze betonen auch die Entwicklung effektiver Kommunikationsfähigkeiten: Bessere Kommunikation kann dazu beitragen, Konflikte auf eine nicht aggressive Weise anzugehen und zu lösen.

Wenn man also kognitive Lernprozesse zulässt und Hunde häufig durch Erfolg nach intrinsischer Motivation lernen lässt, dann wirkt man Aggressionen automatisch entgegen bzw. lässt sie erst gar nicht aufkommen.

Bei Hunden, die eine wodurch auch immer verursachte unnatürliche Aggression zeigen, kann man z. B. die im Folgenden beschriebenen Ansätze aus der kognitivistischen Lerntheorie anwenden. Dies soll natürlich nicht die durchaus guten und vernünftigen Ansätze aus dem Behaviorismus ersetzen. Am besten ergänzt man diese durch kognitivistische Herangehensweise.

Bei der kognitivistischen Lerntheorie geht es ja darum, Erfolg mit einer Strategie zu haben, die sich aus verschiedenen erlernten Mustern zusammensetzt und vorher im Kopf durchgespielt wurde. Hat der Hund jetzt gelernt, dass er sich vermeintliche Feinde oder Gefahren, also Bedrohungen, durch Aggression vom Leib halten kann, muss man ihn dazu motivieren, andere Strategien zu nutzen, um Erfolg zu haben.

Hund beobachten lassen, wie es anders geht

Eine in meiner Praxis bewährte Strategie ist es, den Hund beobachten zu lassen, wie andere mit einer vermeintlich bedrohlichen Situation umgehen, ohne dabei aggressiv zu werden. Ein Beispiel: Ein Hund hat fremde Hunde als unangenehm und gefährlich abgespeichert, vielleicht weil eine Fehlverknüpfung entstanden ist durch eine falsche, gewaltsame Erziehung bei der Begegnung mit anderen Hunden. Alle Hunde werden seitdem als bedrohlich angesehen. Der Hund möchte sich nun diese potenziellen Gefahren vom Leib halten und hat erfolgreich die Strategie angewendet, sich laut bellend und mit aggressivem Gehabe in deren Richtung zu wenden. Man kann hier natürlich jetzt anderes Verhalten konditionieren. Zusätzlich kann man aber für kognitivistisches Lernen Folgendes machen: Man lässt den Hund in einiger Entfernung beobachten, wie für ihn wichtige Menschen an fremden Hunden vorbeigehen. Er muss dann von einer dritten Person gehalten werden in einem Abstand, wo er noch nicht aggressiv auf andere Hunde reagiert, aber dennoch eine gute Übersicht hat.

Nun beobachtet er, dass sein Mensch nah an fremden Hunden vorbeigeht und ihm nichts passiert. Man lässt ihn wirklich nur beobachten, etwa zehn bis fünfzehn Minuten täglich, über mehrere Wochen. In der Zwischenzeit werden echte Begegnungen mit unbekannten Hunden auf ein Minimum reduziert. Natürlich kann er Hundekumpels treffen, aber ein Zusammentreffen mit fremden Hunden, die nah vorbeigehen, sollte möglichst vermieden werden. Dazu muss man sich vielleicht für eine Zeit in Gegenden begeben, wo nur wenige Hunde unterwegs sind.

Der Hund soll durch Beobachtung lernen, dass es für seine Menschen ungefährlich ist, an anderen Hunden vorbeizugehen. Wenn man das jetzt einige Wochen gemacht hat, fängt man an, dem Hund wieder Hundebegegnungen zu ermöglichen an derselben Stelle, wo er zuvor seine Menschen bei Begegnungen beobachten durfte. Bestenfalls arrangiert man dieses Zusammentreffen und achtet darauf, dass der »Dummy-Hund«, der entgegenkommt, gelassen reagiert. So simpel diese wenig aufwendigen Trainingsschritte klingen, so effektiv ist diese Methode – wenn man eben diese mehreren Wochen Geduld übt. Nach einer internen Statistik in meiner hundepsychologischen Praxis führt diese Vorgehensweise nach vier Wochen bei achtzig Prozent der Fälle zu einer deutlich geringeren Aggressivität bei Hundebegegnungen. Wie bereits erwähnt, gibt es gute Ansätze aus dem Bereich des Bahviorismus. Aber der kognitivistische Ansatz ist ebenfalls ein erfolgreiches und ergänzendes Mittel, um der Aggressivität bei Hundebegegnungen entgegenzuwirken.

Raum geben

Wie bereits beschrieben sind Hunde in ihrer Grundstruktur keine Lebewesen, die Konflikte aktiv suchen, sondern diesen eigentlich möglichst aus dem Weg gehen. Natürlich gibt es Hunde, die erlernt oder auch durch falsche Zucht ein anderes Verhalten zeigen können. Das kommt aber seltener vor, als man denkt.

Darum gehen wir hier vom mehrheitlichen Fall aus, dass Hunde Auseinandersetzungen eher vermeiden. Und das bieten sie uns auch immer selbst an. Wir müssen es nur wahrnehmen und verstehen. Wenn wir also jetzt bei einer sich anbahnenden Begegnung feststellen, dass unser Hund unsicher wird, zur Seite oder nach hinten ausweichen möchte, um dem fremden Hund nicht zu nahe zu kommen, sollten wir ihm das Ausweichen ermöglichen. Wir sollten ihm den Erfolg gönnen, mit der Strategie des Ausweichens keinen Konflikt aufkommen zu lassen. Auf keinen Fall sollten wir unseren Hund zwingen, sich diesem Konflikt zu stellen oder nah an dem Fremden vorbeizugehen. Das würde das erfolgreiche deeskalierende Verhalten nicht zum Erfolg kommen lassen und er müsste eine andere Strategie ausprobieren, um der in seinen Augen bedrohlichen Situation zu begegnen. Und das kann dann mangels Raum durchaus auch mal Aggression sein. Klar, es könnte auch eine Unterwerfung sein oder vermeintliches Spielverhalten (was hier aber keines ist, sondern eine Demonstration der Friedlichkeit). Aber eben auch Aggression ist möglich. Warum sollte man diese Gefahr eingehen, wenn ein Hund uns mit dem Wunsch auszuweichen signalisiert, welche Strategie er bevorzugt? Und nein, ein Hund wird nicht unsicher oder ängstlich, wenn er nicht ständig Konflikte durchleben muss. Ganz im Gegenteil. Der Erfolg der von ihm gewählten Strategie verleiht ihm Selbstvertrauen. Und wie wir hier ja mehrfach gelesen haben, fördert Selbstvertrauen letztlich die Ausgeglichenheit und die Fähigkeit, mit diversen Situationen umzugehen.

Wenn er die Wahl hat, wird der Hund immer die Strategie wählen, die für ihn am ungefährlichsten ist. Und bei Erfolg wird sein Selbstvertrauen gestärkt.

LEINENFÜHRIGKEIT

Wie immer bietet die Lerntheorie des Behaviorismus einen bunt gefächerten Werkzeugkasten, um Leinenführigkeit zu trainieren. Das ist erfolgreich und hat in vernünftig dosierter Anwendung ganz sicher seinen Platz im modernen Hundetraining. In meiner langen Zeit als Profi im Bereich Hundetraining habe ich mit meinen Hunden – egal welche Geschichte sie hatten und wie stark sie an der Leine zogen – allerdings nie direkt die Leinenführigkeit trainiert. Sie waren aber immer sehr gut leinenführig. Ich habe ihnen einfach die Zeit gegeben zu beobachten, zu lernen, wie mein Tempo ist, wie ich mich verhalte, wie lang die Leine ist, welche Möglichkeiten sie haben – und ich habe sie mal Erfolg haben lassen und mal nicht. Das gegenseitige Anpassen und Zeit geben, um kognitiv zu lernen, welche Erfolge man wie an der Leine haben kann oder eben nicht, führten immer zu einem leinenführigen Hund. Das funktioniert aber nur, wenn man nicht krampfhaft unter Erfolgsdruck auf schnelle Ergebnisse schaut, sondern dem Anpassungsprozess Zeit lässt. Bei Hunden von Klienten habe ich natürlich auch Methoden des Behaviorismus genutzt und hierzu passend das Werkzeug der positiven Verstärkung eingesetzt. Was auch gute Erfolge erzielt. Vor allem dann, wenn der Mensch klare Strukturen beim Training braucht und Ziele, die dann Erfolge nach sich ziehen. In diesem Fall lernt der Mensch kognitiv und der Hund behavioristisch.

Wenn man die Leinenführigkeit nicht einfach pragmatisch über Konditionierung laut Behaviorismus beibringen möchte, gibt es auch noch folgende Möglichkeit, das kognitivistische Lernen direkt einzusetzen:

Geht mit dem Hund, der nicht leinenführig ist, einfach mal mit anderen Hunden und ihren Haltern spazieren. Diese anderen

Hunde müssen gut leinenführig sein. Zwischendurch haltet ihr an und die anderen Hunde bekommen ein Leckerchen. Dann geht ihr weiter. Macht das an mehreren Tagen und lasst euren Hund beobachten, dass die Hunde, die nicht an der Leine ziehen, ab und zu ein Leckerchen bekommen. Wenn alles klappt, wird euer Hund nach einiger Zeit nicht mehr ziehen, sondern »normal« gehen und den Leckerchenbeutel anstarren. Dann ist der Moment gekommen, wo ihr ihm auch ein Leckerchen gebt. Durch diesen Erfolg lernt er, dass nicht zu ziehen ab und zu Nahrung verspricht, dass Leinenführigkeit eine Strategie zum Nahrungserwerb sein kann. Gebt ihm danach immer mal wieder ein Leckerchen, wenn er nicht zieht und zum Leckerchenbeutel schaut. Aber nicht immer. Im Laufe der Zeit kann sich das Verhalten so festigen, dass die Leinenführigkeit der normale Zustand ist …

Aber das ist doch operante Konditionierung, wird mancher jetzt sagen. Nein, ist es nicht. Der Hund hat hier durch Beobachten gelernt, dass man ein Leckerchen bekommen kann, wenn man nicht zieht. Also probiert er das auch aus. Er denkt voraus, um sein Ziel, ein Leckerchen, zu erreichen. Er hat damit Erfolg und passt sein Verhalten an. Es ist ein Anpassungsprozess durch kognitives Lernen; man kann hier im Beobachtungsfall auch von instrumenteller Konditionierung sprechen.

Operante Konditionierung laut Behaviorismus wäre es, ihm ein Leckerchen zu geben, wenn er zufällig nicht zieht, wenn er gerade mal eine Pause macht. Wenn man also ein zufälliges Verhalten einfängt und dann positiv verstärkt, damit es häufiger gezeigt wird. Das Verhalten war aber zufällig oder hatte nicht das Ziel, ein Leckerchen zu bekommen. Es war nichts vorausgedacht oder geplant. Dann nennt man es operantes Konditionieren. Das funktioniert natürlich auch und ist eine vollkommen legitime und auch gute Trainingsmethode. Wenn das Verhalten aber gezeigt wird, weil man es vorausdenkt und dann damit Erfolg hat, wirkt es besser auf das Selbstvertrauen, als wenn es nur konditioniert wurde.

KINDER UND HUNDE

Kinder haben von Natur aus das Bedürfnis nach Bewegung. Und gerne verständigen sie sich auch mit lauter verbaler Kommunikation. Dabei werden, speziell bei kleineren Kindern, oft hohe Töne genutzt und die Bewegungen sind teilweise unkoordiniert und schwer einzuschätzen. Das ist normal und gehört zur Entwicklung eines Menschen einfach dazu.

Auf Hunde kann dieses Verhalten jedoch – vor allem wenn sie jung sind oder eine angezüchtet niedrige Reizschwelle haben – teilweise recht verstörend wirken.

Hektische, schwer einzuschätzende Bewegungen und laute Geräusche können einen unsicheren Hund irritieren, er kann das als Gefahr einschätzen und sich selbst bedroht sehen. Es kann daher vorkommen, dass Hunde sich im »Spiel« mit Kindern genötigt sehen, sich zu schützen – und dann womöglich auch mal Zähne zum Einsatz kommen. Das muss man im Vorfeld durch Aufmerksamkeit und Sachkenntnis verhindern. Es hilft da nicht, den Hund zu strafen, wenn er sich in solchen Situationen nicht adäquat verhält. Wichtiger ist, dass man den Kindern beibringt, wie sie sich in der Nähe eines Hundes verhalten müssen, und dass sie lernen, die Bedürfnisse eines anderen Lebewesens zu akzeptieren. Die meisten Hunde kommen mit Kindern klar, dennoch sollte man ihnen Zeit geben sich anzupassen und ihnen auch genügend Auszeiten ermöglichen. Die Interaktionen zwischen Hunden und Kindern sollten zeitlich begrenzt und immer gut beaufsichtigt sein.

Es gibt nämlich noch etwas anderes, was man beim Umgang zwischen Hunden und Kindern beachten muss. Hunde, vor allem die mit niedriger Reizschelle, »überdrehen« schnell bei hektischem Spiel und können sich dann nicht mehr selbst herunterregulieren. Darum muss man darauf achten, dass Hunde nicht zu sehr »hochfahren«, nicht zu lang mit Kindern agieren oder gar agieren müssen. Wenn man darauf achtet, bringt man Sicherheit ins Spiel und Kind und Hund haben die Chance, aneinander angepasste gute Kumpels zu werden. Hochgefahrene Hunde sind nicht angenehm – weder für sich selbst noch für ihre Kinderfreunde.

Besonders gilt das für Welpen, die sich erst noch an ihre Menschen anpassen müssen, die lernen müssen, wie die Welt funktioniert. Und an dieser Stelle sind wir wieder beim kognitiven Lernen. Zum einen ist es ganz wichtig, dass der Hund durch das Beobachtungslernen sieht, wie die Menschen miteinander umgehen. Sind diese laut, hektisch und körperbetont, werden die Kinder angeschrien, wenn sie sich balgen? Dann könnte der Hund durch Beobachtung lernen, dass lautes und körperliches Verhalten Erfolg bringen kann. In Verbindung mit einem hochgefahrenen Stresssystem hätte das fatale Folgen, denn dadurch kann es passieren, dass ein Hund körperlich wird, also balgt und auch mal seine Zähne dabei einsetzt, weil es ihm einen vorausgedachten Erfolg bringen kann. Und wenn er dann auch noch Erfolg hat, könnte er lernen, seine Zähne öfter einzusetzen. Das darf natürlich nicht sein.

Man muss also darauf achten, dass ein Hund sich nicht bedroht fühlt, nicht überdreht und sich nicht raue Gepflogenheiten der Menschen abschaut. Zudem darf er, wenn er dann doch mal die Zähne ausprobiert, keinen Erfolg damit haben. Sobald er die Zähne einsetzt, und sei es auch nur ganz sanft, werden das Spiel und die Interaktion beendet. Wenn es nicht reicht, dass er dann aufhört, geht man kommentarlos weg, vielleicht für einige Minuten in einen anderen Raum, den man hinter sich verschließt und wohin man den Hund nicht mitnimmt.

Das ist aber negative Strafe, könnte man jetzt sagen und hätte damit nicht ganz unrecht. Wenn wir aber davon ausgehen, dass der Hund mit dem Einsatz der Zähne ein vorausgedachtes Ziel erreichen wollte (dem Kind ein Spielzeug wegnehmen, zum Spielen auffordern, Aufmerksamkeit bekommen), weil er es ähnlich unter den Menschen beobachtet hat, sind wir im Bereich Kognitivismus. Mit dem Weggehen des Menschen in einen anderen Raum, in den er nicht folgen darf, erreicht er aber sein vorausgedachtes Ziel nicht. Er hat keinen Erfolg. Und wenn man die verschiedenen Lerntheorien in ihrem eigentlichen Sinn ernst nimmt, ist das keine negative Strafe. Die wäre es bei einem zufällig gezeigten Verhalten, nicht bei vorausgedachtem.

Eigentlich immer, aber speziell im Umgang zwischen Kind und Hund ist es wichtig, dass der Hund nicht so hochgefahren wird, dass er sich nur noch schwer regulieren kann, und dass er sich durch hektisches Verhalten nicht bedroht fühlt. Zudem darf von Menschen abgeschautes körperliches Verhalten nicht zu Erfolg führen.

SOZIALISATION

Die Sozialisierung ist ein Thema, über das man sich innerhalb der Hundeszene trefflich streiten kann. Auch hier finden wir die üblichen Argumente in ihrer gesamten Bandbreite. Es gibt Welpen, die einfach in Hundegruppen gesetzt werden. Wenn sie dort gemobbt oder vielleicht gar nicht beachtet werden und einsam in der Gruppe sind, oder wenn sie »unter die Räder« kommen, wenn es wild zwischen anderen Hunden zugeht, dann heißt es oft: »Da müssen sie durch.«

»Die sind in der Natur auch nicht zimperlich«, ist ein weiteres Standardargument. Hundeleute, die das sagen, sind der Meinung, dass Hunde nur so lernen, wie ein Leben mit anderen Hunden funktioniert.

Auf der anderen Seite gibt es die Hundefreunde, die jedes passende Verhalten ihres Hundes in irgendeiner Form belohnen. Und es gibt jede Menge dazwischen …

Da das Argument »So machen es Hunde oder Wölfe unter sich« oft herangezogen wird, möchte ich das mal aus meiner Sicht beschreiben. Und »meine Sicht« kann man hier wörtlich nehmen. Ich habe viele Wild- und Haushunde »unter sich« beobachten dürfen, also ohne menschliche Eingriffe. Und dabei auch die Sozialisierungsphasen vieler Welpen erlebt. Außerdem beschäftige ich mich schon lange mit den Wirkmechanismen des kognitiven Lernens. Dabei wird soziales Lernen als Teilbereich des kognitiven Lernens beschrieben. Und zwar nicht so, dass man unangenehme Konsequenzen zu fürchten hat, wenn man mal einen Fehler macht, sondern so, dass man sich von Sozialpartnern abschaut, wie es geht. Und genau das ist »unter Hunden« oder auch »unter Wölfen« der Fall, wenn Menschen sich raushalten. »Maßregelungen« etc. kommen weit seltener vor, als viele Experten das immer glauben machen möchten.

Natürlich erlebt ein Welpe im Spiel auch, dass ein anderer Welpe aufschreit oder mal zwickt, um sich aus dem rüden Umgang zu befreien, wenn er rau wird. Dadurch lernt er, was andere Individuen als unangenehm empfinden und wie weit ein Spiel gehen kann. Das ist aber nur ein ganz kleiner Teil des Lernens innerhalb der Familie und kommt meist dann vor, wenn sich die kleinen Lebewesen »hochgeschaukelt« haben. Elternteile greifen da ebenfalls weitaus seltener und weitaus weniger heftig ein, als wir denken, sogar wenn sie selbst »Opfer« ihrer Welpen sind und gezwickt werden oder auf ihnen herumgeturnt wird. Die Eltern von Wölfen und auch freilebenden Hunden sind in den allermeisten Fällen unglaublich geduldige und freundliche Lebewesen ihren Welpen gegenüber. Klar, manchmal reißt der Geduldsfaden und sie raunzen die Kleinen an. Das ist aber wirklich selten. Bei Dokumentationen und Tierfilmen wird das jedoch häufiger gezeigt, einfach weil es besser in die Dramaturgie eines Films passt. Es wird nicht gezeigt, dass die Wolfsmama in hundert Situationen ganz lässig die Belästigungen ihres Nachwuchses ertragen hat. Bei der hunderterste meckert sie mal. Und das wird dann von »Experten« herangezogen als Argument, dass Wolfsmütter nicht zimperlich seien. Auch viele Züchter haben mit schon berichtet, dass ihre Hündinnen meist freundlich zu ihren Welpen sind. Allerdings scheinen Zuchthündinnen etwas häufiger den Geduldsfaden zu verlieren als Wolfsmütter oder die Mütter freilebender Hunde. Nach meiner These könnte das damit zu tun haben, dass diese Hündinnen an sich gestresster sind. Es kommt immer auf die Zucht und das gesamte Umfeld an. Und natürlich ist auch die individuelle Komponente zu berücksichtigen. Grundsätzlich aber sind die Mitglieder der Tierart Canis lupus im gesamten Kontext viel weniger rüde untereinander, als wir europäischen Menschen es durch unsere kulturell geprägte Brille sehen möchten. Das hat auch seinen Sinn. Die Mitglieder dieser Tierart versuchen Verletzungen und körperliche Konflikte zu vermeiden, weil ihre Fitness lebenswichtig für den Nahrungserwerb ist.

Wenn nun Hunde von Natur eigentlich nett untereinander sind, wie lernen sie dann kognitiv in der Gruppe?

Man kann davon ausgehen, dass es in erster Linie darüber geschieht, dass sie andere Individuen beobachten, die Beobachtungen abspeichern und zur rechten Zeit dieses erworbene Wissen anwenden. Wenn zum Beispiel ein Welpe beobachtet, wie sein Geschwister das seltene, aber doch vorkommende »Reißen des Geduldsfadens« seiner Mutter erlebt, vielleicht weil sie von ihm in den Schwanz gebissen wurde, dann weiß der Welpe, dass seine Mutter Bisse in den Schwanz nicht mag. Und dann lässt er das von vornherein bleiben, ohne selbst dieses Verhalten auszuprobieren. Andersherum kann er aber auch beobachten, mit welchen »Tricks« seine Geschwister die Mutter oder auch den Vater zu Liebkosungen verleiten. Außerdem kann ein Welpe in der Gruppe sehen, wie insgesamt alle miteinander umgehen, wie andere Erfolg beim Betteln um Nahrung haben, er kann individuelle Unterschiede bei Strategien beobachten. Er bekommt mit, wann aufgestanden wird, wie sich nach dem Aufstehen die gesamte Gruppe verhält, wie sich einzelne Gruppenmitglieder in verschiedenen Situationen verhalten. Ein riesiger Eimer mit Wissen wird beim Beobachten seines sozialen Umfeldes automatisch über einem jungen Hund ausgegossen. Wissen, dass er durch Ausprobieren und Nachahmung nutzt, um seine persönlichen Ziele zu erreichen. Um Erfolge beim Futterbetteln zu haben, um Liebkosungen der Eltern zu erhalten und um die Gruppendynamik zu verstehen sind Beobachtung und Nachahmung eine wichtige Voraussetzung.

Darum ist es wichtig, dass wir unseren Haushunden viel Zeit geben, damit sie ihr soziales Umfeld beobachten können. Schön wäre es zum Beispiel, wenn Hundeschulen bei der Interaktion in Hundegruppen auch mal gezieltes Beobachten anbieten würden. Man könnte zum Beispiel zwei oder drei ruhige, sozial und charakterlich gefestigte Hunde interagieren lassen und andere, noch nicht so gut sozialisierte Hunde schauen, vielleicht hinter einem

Zaun oder bei ihren Menschen liegend, dem sozialen Umgang der anderen in Ruhe zu. Egal wobei, ob bei der Begrüßung ober auch beim Chillen. Dieses Beobachten ist eine wichtige Grundlage bei der Sozialisation von Hunden. Und kognitives Lernen in seiner Reinform.

JAGDVERHALTEN

Der Wolf als Urahn des Hundes hat ein angeborenes Jagdverhalten, welches er nutzt und abruft, wenn er dadurch gute Chancen auf Erfolg hat – den Erfolg, Nahrung zu erreichen. Wenn etwa ein vermeintliches Beutetier aufspringt und wegläuft, hat der Beutegreifer Wolf den automatischen inneren Drang, diesem zu folgen, solange es eine realistische Chance dafür gibt, dass das Beutetier erreicht und erlegt werden kann. Durch ebenfalls angeborene innere »Bremsen«, also neurobiologische Vorgänge, und Wissen aus Erfahrung kalkuliert der Wolf ein, wie hoch die Aussicht auf Erfolg ist. Ist die Wahrscheinlichkeit gering, wird er in aller Regel eine Jagd abbrechen. Jagdverhalten ist für Wölfe nur ein Werkzeug, um das Bedürfnis nach Nahrung zu befriedigen. Jagdverhalten ist kein Trieb, der sich aufstauen kann, sondern einfach ein Verhalten, ein Mittel zum Zweck bzw. ein Werkzeug zur Bedürfnisbefriedigung. Das Jagdverhalten wird durch innere neurobiologische Vorgänge und kognitive Erfahrung angewendet und kontrolliert.

Die Kontrolle, diese inneren Bremsen, sind bei vielen Hunden durch Zucht stark verändert worden und teilweise nicht mehr oder nur eingeschränkt vorhanden. Darum gibt es Hunde, die – salopp gesagt – wie wahnsinnig jagen. Das Fehlen der Kontrolle und die gleichzeitige Herabsetzung der Reizschwelle, also das viel schnellere Reagieren auf Bewegungsreize, ist für viele Jagdhunderassen eine starke Belastung. Mehr, als sich viele Züchter und Halter eingestehen mögen. Auf jeden Fall sind diese Hunde oft nur schwer davon zu überzeugen, dass sie eine Jagd abbrechen oder besser erst gar nicht starten sollten. Was noch schlimmer wird, wenn sie auch noch, ihrem Zuchtziel nach, »jagdlich geführt« werden. Durch erfolgreiche Jagd oder auch nur »Reizangelspiele« zur vermeintlichen Auslastung setzt man die Reizschwelle noch weiter herunter und zerstört die neurobiologischen Bremsen vollends. Jagdlich geführte Hunde werden schon mit schädlich veränderten Eigenschaften geboren und dann noch zu Junkies »trainiert«. Und um sie dann wieder unter Kontrolle zu bringen, wird in Jägerkreisen häufig mit unfreundlichen Mitteln das Verhalten wieder unterbunden. Das ist idiotisch und tierfeindlich – und maßlos unfair einem Lebewesen gegenüber.

Wenn wir jetzt einen Hund haben, der nur aufgrund von Zucht zu einem stärkeren Jagdverhalten neigt, dann haben wir es ja erst mal damit zu tun, dass ihm die notwendigen neurobiologischen Bremsen fehlen, die ihn von unkontrollierter Jagd abhalten. Das können wir nicht direkt ändern. Wir können aber an seinem Wissen arbeiten, also das Wissen aufbauen, dass man mit Jagd nicht immer den erwünschten Erfolg hat.

Hier können wir tatsächlich einiges über das soziale Lernen aus dem Kognitivismus erreichen. Wir können ihm zum Beispiel immer wieder das Verhalten und die Erfolgsbilanzen eines anderen Hundes im wahrsten Sinne »vor Augen führen«. Wir können als Beobachtungsbeispiel einen verlässlichen Hund vorführen, der gut abrufbar ist und bei jagdlichen Reizen ein alternatives Verhalten zeigt, statt eben zu jagen. Wie er trainiert wurde und es selbst erlernt hat, ist nebensächlich. Wichtig ist, dass der Hund zuverlässig ein Verhalten zeigt, das ebenfalls zu einem Erfolg führt, der ein hündisches Bedürfnis erfüllt. Es könnte direkt zu Nahrung führen, also zu Futter oder Leckerchen, die auch unser Beobachterhund sehr gern mag. Oder das umgelenkte Verhalten führt zu ausgiebigem Spiel, vielleicht generalisiert auf einen Dummy oder einen Futterbeutel (der am Ende auch noch zur Nahrungsquelle wird). Wir sollten also relativ häufig mit unserem Hund und dem Beispielhund in eine Gegend gehen, wo Jagdreize auftreten. Und der Beispielhund sollte bei jedem gesichteten Hasen zuverlässig sein Alternativverhalten abspulen, was zu Erfolg in Form von Spiel und/oder Nahrung führt. Unseren lernenden Hund lassen wir dabei an der Leine. Kommentarlos, egal wie er sich verhält. Wenn er die gesamte Gegebenheit oft beobachtet hat, also mindestens fünfzehn bis zwanzig Mal, lassen wir in der Situation einmal zu, dass er mit einer Schleppleine mehr Raum bekommt. Wenn er doch zur echten Jagd ansetzen möchte, kann man ihn durch die Schleppleine noch sichern. Es versteht sich, dass der Hund hier ein gut sitzendes Geschirr tragen sollte und die Leine, wegen möglicher sich aufaddierender Kräfte, nicht länger als fünf bis acht Meter sein darf. Aber meist besteht keine Gefahr, dass der lernende Hund in diesem Setting tatsächlich jagt. Er hat so oft beobachten dürfen, was der andere Hund in dieser Situation macht, dass sein Drang, dieses Verhalten zu imitieren, mit großer Wahrscheinlichkeit hoch genug ist. Ich selbst habe dieses Training testweise bei zwanzig jungen Hunden angewendet. Ganze drei davon wollten jagen, siebzehn zeigten exakt das Alternativverhalten des Beispielhundes.

Fairerweise muss man sagen, dass meine Beispiele aus wissenschaftlicher Sicht immer noch in den Bereich der Anekdoten fallen, weil für eine wissenschaftlich haltbare Aussage wesentlich mehr Daten und Settings notwendig wären. Sie lassen aber den vorläufigen Schluss zu, dass das vorgelebte Auftreten eines anderen Hundes einen Einfluss auf das Verhalten eines Hundes hat. Es wäre schön und wichtig, wenn in diesem Bereich mehr und kreativer geforscht würde.

Aber wenn man es so ausprobiert, wie hier beschrieben, kann man nichts falsch machen und hat nach meiner Erfahrung ein gutes Werkzeug an der Hand, mit jagdlich ambitionierten Hunden umzugehen. Und wer weiß: Vielleicht wird aus dem beobachtenden Hund ein Beispielhund der Zukunft.

VORBILDER

Wie wir gesehen haben, ist die Beobachtung von anderen ein wichtiger Schlüssel für das eigene Verhalten. Und das bezieht sich nicht nur auf das Beobachten von Artgenossen. Auch wir Menschen sind für das domestizierte Tier soziale Vorbilder, von denen sie lernen.

Sind die Menschen eines Hundes also hektisch, laut, ständig gestresst? Gehen sie auch untereinander unhöflich miteinander um? Zeigen sie Aggressivität oder Distanzlosigkeit anderen gegenüber? Das beobachtet ein Hund ganz genau und die Gefahr ist groß, dass er ein ähnliches Verhalten im Umgang mit Artgenossen, aber auch mit Menschen zeigt.

Ein hektisches Umfeld stresst einen Hund schon auf neurobiologischer Ebene und macht ihn unsicher und reizbar. Beobachtet er zudem noch einen lauten oder rauen Umgang der Menschen untereinander, kann das direkte Folgen auf sein Verhalten haben. Letztlich verhält er sich so wie seine Menschen. »Wie der Herr, so das Gescherr«, trifft es hier ganz gut. Obwohl ich weniger Herr als eher Partner bin. Aber doch einer, der das Verhalten vorlebt …

Denkt also immer daran: Eure Hunde sind auch eure Spiegelbilder!

MIT DEM HUND SPRECHEN

Mancher mag jetzt denken: Da schreibt er von Wissenschaft bzw. von Anekdoten, die eine gute Ergänzung zur Wissenschaft sein können. Aber mit dem Hund sprechen? Wo ist da die Relevanz?

Und doch, mit Hunden zu sprechen kann gerade kognitivistisch betrachtet etwas bringen. Und wenn nicht, dann schadet es auch nicht. Solange man es nicht übertreibt und den Hund nicht übermäßig zutextet, sodass er auf »Durchzug« schaltet. Damit meine ich auch nicht, dass man mit seinem Hund tiefgründige Diskussionen über den Sinn des Lebens führen kann.

Es ist aber so, dass Hunde Begriffe und auch Wortketten durchaus korrekt assoziieren können. Eben weil sie die menschliche Sprache den ganzen Tag mitbekommen und auch beobachten, welche Wörter in welchem Kontext genutzt werden. Die Assoziationen werden dann als Wissen abgespeichert.

So konnte ich bei meiner Hündin »Koka« beobachten, dass sie die Wortkette »Geh mal nach/zu« aus irgendeinem Grund verstand. Und sie konnte auch die Namen von Personen zuordnen. Daraus habe ich dann mal einen Test gemacht. Zwei ihr namentlich bekannte Personen stellten sich in meinen Garten, aber so, dass ich sie nicht sehen konnte, um Koka nicht vielleicht unbewusst mit den Augen den Weg zu weisen. Koka hatte gesehen, dass die beiden in den Garten gegangen waren. Ich sagte dann ganz beiläufig zu ihr: »Geh mal zu Max«. Sie lief direkt zu Max. Und später auch zu Nele, nachdem ich sie darum gebeten hatte. Anscheinend konnte sie die Wortkette »Geh mal zu« und die Namen der Personen so in Verbindung setzen, dass sie alles richtig machte. Und wir hatten das nie vorher in irgendeiner Form trainiert!

Klar ist das wieder nur eine Anekdote. Man kann aber guten Gewissens davon ausgehen, dass Hunde durch Beobachtung und Zuhören Wortketten und Wörter in ihrer einfachsten Bedeutung verstehen und auch miteinander in Verbindung bringen können. Dies geschieht durch Beobachtungslernen und allgemeine kognitive Vorgänge. Es fällt schwer, das in ein strukturiertes Training einzubauen. Es ist etwas für das Alltagslernen, so wie auch das »Vorleben«. Ich benutze Worte und Wortketten in Gegenwart meiner Hunde teils gezielt, teilweise aber auch einfach so, wie ich auch mit Menschen spreche. Einige Beispiele:

- »Warte bitte mal!«
- »Wir gehen gleich los!«
- »Geh mal nach/zu ...«
- »Ich komme gleich wieder.«
- »Ich fasse dich gleich an.«
- »Ich möchte mal durch!«

Zugleich spreche ich Personen oft mit Namen an und benenne Gegenstände mit ihrer Bezeichnung. Das ist eigentlich ganz einfach. Im Grunde spricht man normal mit seinem Hund. Nicht in Befehlen und ausschließlich mit Signalen, sondern man nutzt die menschliche Sprache ganz so, wie man sie auch bei Menschen nutzt. Natürlich versteht der Hund keine komplizierten Sachzusammenhänge oder gar grammatikalische Hintergründe. Er ist aber aller Wahrscheinlichkeit nach in der Lage, einzelne Wörter in ihrer Bedeutung zu verstehen und sie selbstständig (ohne Training!) miteinander zu verbinden und sich danach zu verhalten.

Außerdem sind wir als Menschen eher in der Lage, uns emotional klar auszudrücken, wenn wir ganz normal sprechen, als wenn wir Befehle geben. Ein »Alles ist gut!« wird im Kontext so gesprochen, dass es zur Emotion passt. So passt auch die klassische Konditionierung, die emotionale Verknüpfung, zum Gesamtkontext.

Es kommt also auch hier wieder darauf an, dass man seinen Hund ganz normal am Alltag teilhaben lässt und ihm die Chance gibt, alltägliche Worte, Wortketten und Verhaltensmuster kognitiv in Verbindung zu bringen.

HUNDE SIND
INTELLIGENTER
KOGNITIVES LERNEN
IM ALLTAG
RIEPE AKADEMIE VERLAG

ABSCHLIESSENDE EINORDNUNG

Der Schwerpunkt meiner Darstellungen in diesem Buch liegt neben einigen kurzen Erläuterungen zum Behaviorismus vor allem beim kognitiven Lernen, denn die Mechanismen und Konstrukte, die hinter dieser Lerntheorie stehen, werden im Hundetraining bislang kaum berücksichtigt. Viele Menschen wissen auch gar nicht, dass es mehrere Theorien gibt, die versuchen, das Lernen für Menschen begreifbar zu machen. Im Hundetraining werden oft ausschließlich behavioristische Methoden vermittelt und das soziale Lernen wird zudem fälschlicherweise dem Behaviorismus zugeordnet. Das hat dazu geführt, dass selbst gut ausgebildete und differenziert denkende Hundetrainer und -trainerinnen sich oft sehr dogmatisch auf den vorgegebenen Schienen dieser einen Lerntheorie bewegen. Vermutlich, weil das Konzept des Behaviorismus trotz einiger Verwirrungen um die »Quadranten« ein recht einfaches Konzept ist. Lernen ist bei Säugetieren aber ein wesentlich komplexerer Vorgang, als wir es mit einfachen Modellen darstellen können. Es sind dazu verschiedene Modelle notwendig, die sich ergänzen, teilweise widersprechen, und dennoch alle ihre Berechtigung haben.

Nachdem inzwischen allgemein anerkannt ist, dass es mehrere lerntheoretische Ansätze gibt, sollten diese auch im »Hundebereich« ankommen. Man sollte die verschiedenen Theorien auch da beschreiben, um ein besseres Verständnis für das Verhalten von Hunden zu erreichen und das Spektrum an Möglichkeiten, dieses zu beeinflussen, zu verbreitern.

INTERPRETATION VON FACHBEGRIFFEN

Das führt uns wieder an den Anfang dieses Buches. Dort habe ich von den unterschiedlichen Interpretationen spezieller Fachbegriffe gesprochen. Beispielsweise wird Körperlichkeit bei der Durchsetzung in einer sozialen Gruppe oft als soziales Lernen bezeichnet. Laut wissenschaftlicher Darstellung und Beschreibung wird soziales Lernen allerdings als Beobachtungslernen, als Abschauen von anderen Gruppenmitgliedern beschrieben. Und im wissenschaftlichen Kontext herrscht inzwischen Konsens, dass in Bezug auf Lernen die Begriffe der drei wichtigsten Lerntheorien (Behaviorismus, Kognitivismus inkl. soziales Lernen und Konstruktivismus) anerkannt und genutzt werden sollten, um Verwirrungen zu vermeiden. Darum ist es sinnvoll, auf eigene Interpretationen und Veränderungen der Begriffe aus den Theorien zu verzichten und sie so zu nutzen, wie sie wissenschaftlich in ihren Ursprüngen beschrieben werden.

Obwohl im Buch schon diverse Bezeichnungen dargestellt wurden, möchte ich im Weiteren einige Begriffe noch einmal zusammenfassen und ihre Bedeutung nach den beschriebenen Lerntheorien erläutern.

Vorab sollten wir zur Verdeutlichung aber noch kurz über zwei Ausdrücke sprechen, deren Bedeutung im allgemeinen Sprachgebrauch weiter gefächert ist als bei der Nutzung innerhalb der behavioristischen Lerntheorie. Es geht um die Begriffe Belohnung und Strafe.

- Eine Belohnung ist eine positive Konsequenz oder ein Anreiz, der als Reaktion auf eine bestimmte Handlung oder Leistung gegeben wird.
- Eine Strafe ist eine negative Konsequenz oder Sanktion, die als Reaktion auf ein unerwünschtes Verhalten oder eine Regelverletzung verhängt wird.

Die beiden Begriffe werden in der bahavioristischen Theorie so beschrieben und genutzt, dass sie unmittelbar auf ein Verhalten erfolgen, damit eine Verknüpfung, eine Konditionierung, entstehen kann. Bei Menschen werden sie aber zudem genutzt, um auch weiter zurückliegende Handlungen mit Konsequenzen zu belegen, z.B. im Rechtssystem eines Staates etc.

Erfolge sind wirksamer als Belohnungen

Streng genommen könnte man auch Erfolge oder Misserfolge als Belohnungen und Strafen deuten, weil dabei die gleichen Gehirnareale angesprochen werden. Man muss aber immer bedenken, dass Erfolge tiefer und nachhaltiger im Gehirn wirken als einfache Belohnungen.

Belohnung bzw. positive Verstärkung

Im Behaviorismus werden die Worte Belohnung und Strafe genutzt, um die Verständlichkeit der für Laien etwas komplizierten Quadranten zu vereinfachen. Es wird daher gern der Ausdruck »positive Verstärkung« mit »Belohnung« übersetzt.

Wenn wir die »positive Verstärkung« allerdings so nutzen wie im Behaviorismus ursprünglich beschrieben, ist sie Folgendes:

Eine angenehme Konsequenz auf ein Verhalten, das nach einem zufälligen bzw. unbekannten Reiz gezeigt wird. Nur das daraus gezeigte Verhalten, was nicht vorausgedacht und zielgerichtet geplant ist, kann man positiv verstärken. Das klingt zunächst irgendwie lebensfremd und unlogisch, es ist jedoch die Definition, wenn man sie so wie in der Theorie beschrieben anwendet.

Man kann aber festhalten, dass eine *positive Verstärkung immer eine Belohnung* ist. Weil dabei immer eine angenehme Konsequenz auf eine Handlung folgt.

Andersherum ist *eine Belohnung aber NICHT immer eine positive Verstärkung*, weil man sie nicht nur für Verhalten geben kann, das einem unbekannten, »unbedingten« Reiz folgt, sondern auch für vorsätzliches, vorausgedachtes Verhalten.

Man kann also sehen, wie wichtig es ist, Begriffe so eindeutig wie möglich zu verwenden. Um sie richtig einordnen zu können, werden einige Definitionen im nächsten und abschließenden Kapitel noch einmal zusammengefasst.

UMSETZUNG IM HUNDETRAINING

Anwendung von behavioristischen Methoden

Lernen und Hundetraining nach *behavioristischen Mustern* ist gut und wichtig. Wir können es nutzen, um Hunden zu helfen, sich in unserer Menschenwelt zurechtzufinden. Auch wenn wir ihnen Dinge beibringen möchten, die für uns wichtig, für den Hund aber eher von untergeordneter Bedeutung sind. Wir können damit Verhalten verändern und anpassen und über positive Verstärkung freundlich und ohne gravierende Nebenwirkungen Hunden etwas vermitteln. Bahavioristisches Training hat seinen festen Platz, wenn es um Antigiftködertraining, Altenativverhalten und so etwas wie »Alltagsbewältigung« im menschlichen Umfeld geht.

Kognitives Lernen geschieht auch ohne menschlichen Einfluss

Wissenschaftlich betrachtet und beim Lernen im Alltag spielt der Behaviorismus allerdings nur in Teilbereichen eine Rolle. Klassische Konditionierung, also die emotionale Verknüpfung mit Gegebenheiten, Orten oder Dingen, findet ständig statt. Operante Konditionierung dagegen ist im Alltagslernen weniger präsent, als man glaubt. Viel häufiger und auch ständig kommt instrumentelle Konditionierung und das Lernen am Erfolg vor – also Lernen nach *kognitivistischen Mustern.*

Alltagslernen

Denken wir also immer daran: Der Hund lernt ständig und überall. Er orientiert sich dabei sehr stark an seiner Umwelt, also an dem, was seine Menschen und Sozialpartner ihm vorleben, und an dem Wissen, das er dabei generiert. Hundetraining allein nach behavioritischen Mustern reicht nicht aus, um einem Hund eine gute Lernumgebung zu schaffen. Wir müssen ihm auch die Chance gegen, Wissen ohne direktes Feedback durch den Menschen zu generieren, durch Beobachtung, durch eigene Zielsetzungen, durch individuelle Erfolge. Und wir müssen uns im Grunde einfach so verhalten, wie wir uns vom Hund wünschen, dass er sich verhalten soll. Sind wir ruhig und nicht aggressiv in unserem Alltag, ist das mit großer Wahrscheinlichkeit auch unser Hund.

Training nicht übertreiben

Lernen nach kognitivistischen Mustern bedeutet eigentlich nichts weiter als Anpassung an Umwelt und Sozialpartner. Wir müssen dem Hund den Raum und die Zeit zugestehen, sich anzupassen und einfach im Alltag zu lernen. Daher dürfen wir es mit dem Training nicht übertreiben. Dann schaffen wir alle Voraussetzungen für ein entspanntes Leben mit unserem Sozialpartner Hund.

IDEA
BRAIN

ZUSAMMENFASSUNG IN STICHWORTEN

Abschließend möchte ich die Inhalte des Buches noch einmal in Stichworten zusammenfassen. So kann man auch immer schnell mal nachschlagen, wenn man sich bei Auslegungen und Bedeutungen nicht ganz sicher ist. Die hier genannten Definitionen beanspruchen keine absoluten Wahrheiten, werden aber nach sehr tief gehender und ausführlicher Recherche in den literarischen und wissenschaftlichen Quellen dieses Buches dargestellt.

Die Stichworte sind nicht alphabetisch, sondern in der Reihenfolge aufgeführt, wie sie im Buch beschrieben werden.

Unterschiedliche Interpretation von Begriffen

Begriffe können durch sprachliche Vielfalt, kulturelle Unterschiede, individuelle Perspektiven, verschiedenen Kontext oder durch historische Veränderungen unterschiedlich interpretiert werden.

Es gibt mindestens drei Lerntheorien

Die drei im wissenschaftlichen Bereich häufig genannten Lerntheorien sind der Behaviorismus, der Kognitivismus und der Konstruktivismus.

Der Behaviorismus ist eine Lerntheorie, die sich auf beobachtbares Verhalten konzentriert und davon ausgeht, dass Verhalten durch Reiz-Reaktions-Assoziationen geformt wird. Diese Theorie legt nahe, dass Lernen ausschließlich eine direkte Folge von Reizen aus der Umgebung ist.

Dieses »ausschließlich« ist auch der Hauptkritikpunkt am Behaviorismus. Innere Vorgänge wie die Anwendung und Kombination von vorher erworbenem Wissen werden beim Behaviorismus nicht berücksichtigt bzw. als nicht möglich angesehen.

Der Kognitivismus konzentriert sich auf die internen mentalen Prozesse, die beim Lernen auftreten. Diese Theorie betont die Bedeutung von Wissen, Gedächtnis, Denken und Problemlösung. Der Kognitivismus betrachtet den Lernenden als aktiven Teilnehmer, der Informationen aufnimmt, verarbeitet und organisiert, um neues Wissen aufzubauen.

Der Konstruktivismus baut auf den Ideen des Kognitivismus auf, legt jedoch einen noch stärkeren Fokus auf die aktive Konstruktion von Wissen durch den Lernenden. Diese Theorie betont, dass Lernen ein individueller, konstruktiver Prozess ist, bei dem der Lernende aktiv Wissen durch Interaktionen mit der Umwelt aufbaut.

Operante Konditionierung

Der Behaviorismus betrachtet Verhalten als Reaktion auf externe Reize und legt den Schwerpunkt auf die beobachtbaren Aspekte des Lernens. Der Begriff Konditionierung, geprägt von Skinner, befasst sich mit der Anpassung des Verhaltens durch Belohnungen und Bestrafungen. Demnach wird Verhalten, das auf externe, bislang unbekannte Reize folgt, verstärkt, wenn es mit angenehmen Konsequenzen verbunden ist, während unerwünschtes Verhalten durch unangenehme Konsequenzen gehemmt wird.

Die Verwendung von **Quadranten** – also positive Verstärkung, negative Verstärkung, positive Bestrafung und negative Bestrafung – ist ein wichtiges Konzept im behavioristischen Ansatz zur Hundeerziehung.

- **Positive Verstärkung:** Zufügen einer angenehmen Konsequenz (z. B. Leckerchen), um Verhalten zu verstärken.
- **Negative Verstärkung** bezieht sich auf die Entfernung eines vorher zugefügten unangenehmen Reizes (z. B. Druck zurücknehmen), um gewünschtes Verhalten zu verstärken.
- **Negative Bestrafung** bezieht sich auf das Entfernen eines angenehmen Reizes (z. B. Spielzeug), um unerwünschtes Verhalten zu reduzieren.
- **Positive Bestrafung** bezieht sich auf das Zufügen eines unangenehmen Reizes (z. B. Leinenruck), um unerwünschtes Verhalten zu reduzieren.

Ergänzend sei erwähnt, dass negative Verstärkung und positive Strafe in der Hundeerziehung aus ethischen Gründen und aufgrund vieler unkalkulierbarer Nebenwirkungen nichts zu suchen haben. Genauere Angaben dazu findet man in den entsprechenden Kapiteln des Buchs.

Klassische Konditionierung

Die klassische Konditionierung ist eine Form des Lernens, die im Behaviorismus beschrieben wird. Dabei wird ein neutraler Reiz mit einem unbedingten Reiz gekoppelt, um eine neue, gelernte Reaktion zu erzeugen. Das heißt verkürzt, dass z. B. eine Begebenheit, ein Ort, Gegenstand oder Laut mit einer Emotion verknüpft wird. Diese Verknüpfung läuft automatisch ab und kann vom Lebewesen nicht direkt beeinflusst werden – im Gegensatz zur operanten Konditionierung, wo die Verknüpfung mit der Konsequenz ein bewusstes Verhalten hervorruft.

Behavioristische Thesen sind inzwischen anerkannt – allerdings herrscht breiter Konsens, dass nicht ausschließlich behavioristisch gelernt wird. Kognitives Lernen nimmt einen weitaus größeren Teil des Lernens ein. Ebenso herrscht Konsens, dass alle Thesen der drei bekanntesten Lerntheorien ihre Berechtigung haben und man nicht eine Theorie für sich allein als richtig oder falsch ansehen sollte.

Instrumentelle Konditionierung

Die instrumentelle Konditionierung ist ein Begriff aus dem Kognitivismus und bezieht sich auf einen Lernprozess, bei dem Verhalten bewusst auf eine folgende Konsequenz ausgerichtet ist. Dabei lernt ein Organismus durch Anwendung seines eigenen Wissens, eine bestimmte Handlung auszuführen, um eine gewünschte Konsequenz zu erlangen oder eine unerwünschte Konsequenz zu vermeiden. Das Verhalten wird somit bewusst als Instrument genutzt.

Instrumentelle Konditionierung wird im Teilbereich »Soziales Lernen« oder »Beobachtungslernen« beschrieben.

Erfolg oder Misserfolg entscheiden im Kognitivismus, ob ein Verhalten wiederholt wird oder zukünftig weniger oder gar nicht gezeigt wird. Erfolg fördert das Selbstvertrauen und wirkt tiefer und nachhaltiger als Belohnungen.

Individualität

Beim kognitiven Lernen wird Wissen angesammelt und dieses Wissen wird angewendet und unterschiedlich kombiniert, wenn es gebraucht wird. Da aber jedes Lebewesen umweltbedingt unterschiedliches Wissen ansammelt, gleicht kein Individuum in seinem Verhalten dem anderen, auch beispielsweise nicht Hunde einer Rasse. Natürlich spielen angeborene Verhaltensmuster eine Rolle, der weitaus größte Teil des Verhaltens setzt sich bei Säugetieren allerdings aus kognitivem Lernen, aus Erfolgen und Misserfolgen durch angesammeltes Wissen zusammen, die wiederum unterschiedlich mit Emotionen verknüpft bzw. behavioristisch klassisch konditioniert werden. Das, was kognitiv im Leben erlernt und emotional verknüpft wird, ist bei jedem Lebewesen anders und macht die Individualität aus.

Hunde sind intelligenter

Nach allem, was man beobachten durfte und was man inzwischen über Neurobiologie und Lernverhalten weiß und worüber auch diverse Daten gesammelt wurden, kann man nicht mehr behaupten, Hunde seien reine »Instinktwesen«, würden nur durch angeborenes Verhalten und durch Verstärkung und Hemmung, also Belohnung und Strafe, handeln. Man kann davon ausgehen, dass das Verhalten durch wesentlich komplexere Vorgänge verursacht wird. Hunde sammeln durch Beobachtung und Erfahrung Wissen an, welches sie bei neuen Aufgaben oder Problemstellungen situativ einsetzen und je nach Erfolg oder Misserfolg als neues Wissen abspeichern können. Das ist insgesamt weit mehr als Instinkt und einfache Verstärkung oder Hemmung.

Eine mögliche Definition von Intelligenz ist Folgende: die Fähigkeit, abstrakt und zielorientiert zu denken und daraus zweckvolles Handeln abzuleiten. Dass Hunde keine Form von Intelligenz besitzen würden, kann man also nur schwer behaupten, weil man sicher sein kann, dass sie unterschiedliches Wissen im Gehirn verknüpfen und für zweckvolles Handeln nutzen.

Darum wage ich die Behauptung: *Hunde sind intelligenter, als wir bislang gedacht haben!*

QUELLEN

Die Quellenangaben gliedern sich in die im Buch erläuterten Themenbereiche.

Behaviorismus

Skinner, B. F. (1957): Verbal Behavior.

Skinner, B. F. (1953): Science and Human Behavior.

Watson, (1913): Psychology as the Behaviorist Views It.

Pavlov, I. P. (1927): Conditioned Reflexes: An Investigation of the Physiological Activity of the Cerebral Cortex. Oxford University Press.

Woodruff-Pak, D. S. & Steinmetz, J. E. (2000): Classical conditioning: Basic research and clinical applications. Oxford University Press.

Kognitivismus

Piaget, Jean (1947): The Psychology of Intelligence.

Vygotsky, Lev (1962): Thought and Language.

Ausubel, David (1968): Educational Psychology: A Cognitive View.

Piaget, Jean (1970): The science of education and the psychology of the child. Routledge.

Vygotsky, Lev S. (1978): Mind in society: The development of higher psychological processes. Harvard University Press.

Jonassen, D. H. & Land, S. M. (2000): Theoretical foundations of learning environments. Routledge.

Duffy, T. M. & Jonassen, D. H. (2013): Constructivism and the technology of instruction: A conversation. Routledge.

Bandura, A. (1977): Social Learning Theory. Englewood Cliffs, NJ: Prentice Hall.

Bandura, A. (1989): Social Cognitive Theory. In: Vasta, R. (Ed.), Annals of child development, Vol. 6, pp. 1–60. JAI Press.

Schunk, D. H. (1991): Self-efficacy and academic motivation. In: Educational Psychologist, 26(3–4), pp. 207–231.

Zimmerman, B. J. (1998): Academic studying and the development of personal skill: A self-regulatory perspective. In: Educational Psychologist, 33(2–3), pp. 73–86.

Pajares, F. (2002): Overview of social cognitive theory and of self-efficacy. Retrieved from http://www.des.emory.edu/mfp/eff.html

Deci, E. L. & Ryan, R. M. (2000): The »what« and »why« of goal pursuits: Human needs and the self-determination of behavior. In: Psychological Inquiry, 11(4), pp. 227–268.

Domjan, M. (2018): The Principles of learning an behavior.

Konstruktivismus

Piaget, Jean (1954): The Construction of Reality in the Child

Vygotsky, Lev (1978): Mind in Society: The Development of Higher Psychological Processes

Papert, Seymour (1980): Mindstorms: Children, Computers, and Powerful Ideas

Positive Verstärkung

Cameron, J. & Pierce, W. D. (1994): Reinforcement, Reward, and Intrinsic Motivation: A Meta-Analysis. In: Review of Educational Research, 64(3), pp. 363–423. doi:10.3102/00346543064003363.

Eine Meta-Analyse, die die Effekte von Verstärkung und Belohnung auf die intrinsische Motivation in Bildungskontexten untersucht. Die Ergebnisse zeigen, dass positive Verstärkung langfristig effektiver ist als Strafen.American Psychological Association (APA): Die APA gibt an, dass positive Bestrafung nachteilige Folgen haben kann, einschließlich der Entstehung von Angst und Aggression. Sie betont, dass positive Verstärkung (Belohnung) effektiver und ethisch verantwortungsvoller ist.

Azrin, N. H. (1956): Some effects of noise on human behavior. In: Journal of the Experimental Analysis of Behavior, 10(3), pp. 279–285.
Diese Studie untersuchte die Auswirkungen von positiver Bestrafung (lautem Geräusch) auf Verhalten. Es wurde festgestellt, dass positive Bestrafung zu erhöhter Angst, emotionaler Erregung und Beeinträchtigung des Lernens führte.

Herron, M. E. (2009): Primer on Appropriate and Inappropriate Use of Punishment. In: Journal of Veterinary Behavior, 4(5), pp. 265–277.
Diese Studie untersuchte den Einsatz von positiver Bestrafung in der Hundeerziehung. Es wurde festgestellt, dass Hunde, die mit positiver Bestrafung trainiert wurden, Anzeichen von Angst, Stress und Aggression zeigten.

Pryor, K. (2002): Don't Shoot the Dog! The New Art of Teaching and Training. Bantam Books.
Dieses Buch, geschrieben von einer bekannten Tiertrainerin, stellt die negativen Auswirkungen von positiver Bestrafung auf das Verhalten von Tieren dar. Es erklärt, warum positive Verstärkung effektiver und ethischer ist.

Cooper, J. O.; Heron, T. E.; Heward, W. L. (2007): Applied Behavior Analysis (2nd edition). Pearson.
Dieses Lehrbuch betont die Vorzüge der positiven Verstärkung gegenüber positiver Bestrafung. Es stellt fest, dass po-

sitive Bestrafung oft unerwünschte Nebenwirkungen wie Angst, Aggression und erlernte Hilflosigkeit hervorrufen kann.

Schalke, E.; Stichnoth, J.; Ott, S.; Jones-Baade, R. (2007): Clinical signs caused by the use of electric training collars on dogs in everyday life situations. In: Applied Animal Behaviour Science, 105(4), pp. 369–380.
Diese Studie untersuchte die Auswirkungen von elektrischen Trainingshalsbändern (eine Form der positiven Bestrafung) auf das Verhalten von Hunden. Es wurde festgestellt, dass diese Halsbänder zu erhöhtem Stress, Angst und Anzeichen von Schmerz führten.

Beispiele für kognitives Lernen bei Tieren

Werkzeuggebrauch bei Schimpansen: Jane Goodall und ihre Forschung über Schimpansen im Gombe Stream National Park.

Problem lösen bei Raben: Forschung von Bernd Heinrich und sein Buch »Ravens in Winter«.

Spiegel-Selbsterkennung bei Elefanten: Joshua Plotnik und Diana Reiss untersuchten die Spiegel-Selbsterkennung bei Elefanten.

Zahlengedächtnis bei Ratten: Forschung von Stanislas Dehaene und Kollegen zur Zahlenverarbeitung bei Ratten.

Labyrinth-Lernen bei Nagetieren: Psychologische Studien zum Lernen und Gedächtnis von Nagetieren, die in Fachzeitschriften wie »Learning & Behavior« oder »Journal of Comparative Psychology« veröffentlicht wurden.

Soziales Lernen bei Hunden: Studien zur Imitation und zum sozialen Lernen bei Hunden von Wissenschaftlern wie Adam Miklósi und Juliane Kaminski.

Wegfindung bei Bienen: Karl von Frisch und seine Arbeit zur

Kommunikation bei Honigbienen, einschließlich der »Tanzsprache«.
Werkzeuggebrauch bei Vögeln: Forschung über Werkzeuggebrauch bei Vögeln von Wissenschaftlern wie Alex Kacelnik und Gavin Hunt.
Wegfindung bei Zugvögeln: Studien über die Navigation von Zugvögeln von Wissenschaftlern wie Wolfgang Wiltschko und Roswitha Wiltschko.
Mustererkennung bei Delfinen: Die Arbeit von Diana Reiss und Adam Pack zur Kognition von Delfinen.

Erfolg und Selbstvertrauen

Laut Albert Bandura (1977) führt das Erreichen von Zielen und Erfolgen dazu, dass Lernende an ihre Fähigkeiten und Kompetenzen glauben. Diese Überzeugung, dass man in der Lage ist, Herausforderungen zu meistern und Ziele zu erreichen, stärkt das Selbstvertrauen.
Neurologische Studien haben gezeigt, dass Erfolge die Freisetzung von Dopamin im Gehirn stimulieren. Dopamin ist ein Neurotransmitter, der mit Motivation in Verbindung steht. Das gute Gefühl nach einem Erfolg trägt zur Stärkung des Selbstvertrauens bei (Schultz, 2002).

Kognitives Lernen und Aggression

Gross, J. J. (2002): Emotion regulation: Affective, cognitive, and social consequences. In: Psychophysiology, 39(3), pp. 281–291.
Baumeister, R. F. & Heatherton, T. F. (1996): Self-regulation failure: An overview. In: Psychological Inquiry, 7(1), pp. 1–15.
D'Zurilla, T. J. & Goldfried, M. R. (1971): Problem solving and behavior modification. In: Journal of Abnormal Psychology, 78(1), pp. 107–126.

www.ingramcontent.com/pod-product-compliance
Lightning Source LLC
LaVergne TN
LVHW101948220826
846093LV00006B/141

9783982613802